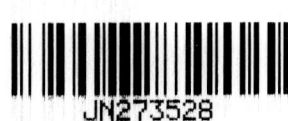

マンガでわかる

発電・送配電

藤田　吾郎／編著
十凪　高志／作画
オフィスsawa／制作

Ohmsha

はじめに

私たちの身のまわりには電気を使用する機器があふれています。これは発電・送配電システムが発達していることの裏付けです。本書ではその内容についてマンガでわかりやすく説明しています。

発電・送配電システムを理解するためには、まずエネルギーと電力の関係について知ることが必要であり、これを第１章で説明しています。次に電力を発生する「発電」、電力を輸送する「送電」、電力を需要家端まで届ける「配電」について、それぞれ章に分けて説明しています。「発電」にはさまざまな方式があること、「送電」では事故対策として数々の工夫が凝らされていること、そして身近な「配電」にも多くの技術が結集されていることなど、知ってもらえれば幸いです。最後に第５章では、これからの電力供給がどのように推移しそうなのか、近年導入が進みつつある分散型電源などについてまとめることとしました。

このような分野に関連するのは、電力事業や電気設備事業の方々はもちろんのこと、電子電気工学を学ぶ学生や、電気関係の資格取得を目指している人も該当します。企業人の中には、学生時代は物理学や情報工学、あるいは化学といった別の分野を専攻していたものの、入社後は一転して電力関係に従事しているというケースもあります。本書ではこのような幅広い読者層を対象とすることを意識して、図表を交えて平易に構成しました。

本書の制作にあたり、作画担当の十凪高志様にはダイナミック感あふれる表現を実現いただけました。制作担当であるオフィス sawa の澤田佐和子様には文章原稿のストーリー化だけではなく、工学技術をいかにわかりやすく表現するという視点でも御尽力いただけました。また筆者らの不勉強部分は、日本電気技術者協会理事の飯田芳一先生（関東電気保安協会茨城事業本部長）の査読により補うことができました。執筆の機会を与えていただいたオーム社の皆様を含め、このような多くの方々の協力を得て本書をここに上梓できることをここに感謝申し上げます。

2013年 10月

藤 田　吾 郎

目 次

第3章　送電　93

第5章　これからの電力供給　171

プロローグ

俺と電線と地球外生命体！？

――都内 某大学キャンパス
おーい並木！
写真部
見ろよ お前の写真！
うわ 本当だ
ホラ！ UFO写ってる
UFO……？
何 バカなこと 言ってんのよ
UFOだぜ UFO
だってよー
…レンズにゴミでも ついてたかな？

うーん
それにしても
UFO……
並木くんの撮る
空の写真は
いつもきれいよねー
……
ありがとう
ございます 先輩
UFOだよね…?
んじゃ 俺
先に帰らせて
もらいます
はーい
UFOぉ…
お疲れ様っす
ふう……
空の写真……
か……

違う!!!!
電線の
写真だよ!!!!
そう…俺は
電線が好きだ!!
廃墟だとか工場とかより
よほど浪漫を感じる!!
ごちゃごちゃして
景観を崩す?　否!!!
精緻なる混沌!
人間の生活感がそこにある
ノスタルジックな郷愁を
感じさせる昭和の香り!!
はっ
ママー
何あれ
みちゃ
いけません!
……いかんいかん
落ち着け俺
アホー
別に「俺は異端」アピール
とかしてないよ?
俺はいたって普通!

ただいまー…って
ガチャ
一人暮らしなのに言っちゃう俺
いや別にさびしくないよ？
やっと帰ってきたか
うむ
ギシッ
……!?
マイハウス!!
俺んち……だよな！?
パタン

ずいっ
逃がさんぞ
攻撃者め
……は？
つーか 今
部屋ん中に…
コーゲキシャ……？
しらばっくれても
ムダだぞ？
数日前!!
わが艦に向けて大威力兵器を
構えていただろう!!
バッ
この黒い
小型兵器をな!!!
俺のカメラ
いつの間に！？
カバンの
中に
入れてたのに！
あの
時の…
……って
もしかして

思い出したか
そう あの UFO に
私は搭乗していたのだ
遠距離からの攻撃では
気づかれないとでも
思ったか？
ドン
残念だったな！！
……
残念なものを
見る目をするな!!
……こんなとき
どうすりゃいいんだ
ポリスメン？
誰も
信じるわけ
ねーよな
つーか マジすか
いやでも俺が
バカにされるのが
オチ……
とにかくだ
ゴゴゴゴ
未遂とはいえ
我が艦に仕掛けてきた
攻撃者を見逃すほど
このユユモは
お人よしではない…
さて どうして
くれようか……
へいちょっと待った
誤解している
俺はただ
カメラで写真を
撮っていただけです

ずん ずん
こういうふうに！
電線を撮影してたの！
これでもまだ
兵器だと言うか！
……え？　電線？
あれ？　撮影？
それはビーム的なアレや
波動的なソレで敵を焼き尽くす
大威力破壊兵器ではなくて？
全然違う。
いっいや
最初から知っていたぞ？
あえてブラフかけて
現地人の攻撃性とか
本当に安全か念のために
確かめていただけで
こっち見て言え
宇宙人野郎。
このユユモちゃん
現地リサーチは完璧だし？
うっうるさい
ば──か！
たかが静止画像を撮るのに
それほど大きな機械が
必要だとは予想外だし！
うがー！
逆切れ!?
思った以上に遅れてる
この星の文明が悪い!!
最悪の開き直りだ！

ま、まあひとまず
攻撃でないとは納得しよう
だが、すべてを
信用するにはまだ
情報が足りぬ！
さっきリサーチ
完璧って
言ってたよな？
そ、その電線とは
一体何なのだ？
ふふふ…
俺にそれを聞くか
なら説明
させてもらおう！
まず、**電線**とは
電気が通っている
線のことだよ
この電線で、電気を
運んでいくんだ
これは**鉄塔**の電線で…
こっちは
近所の**電柱**の電線の
写真だね
……!!
この空中に
張り巡らせた線で電気を
運んでいるだと…！
驚いた？
そうこの美しい
電線の風景は
わが国の誇る……
なんと原始的で
大胆な…！
理解不能だ！
いちいち驚き方が
失礼な奴だな本当に!?
…まあいいや
続きだけど
えーと
このノートを見て

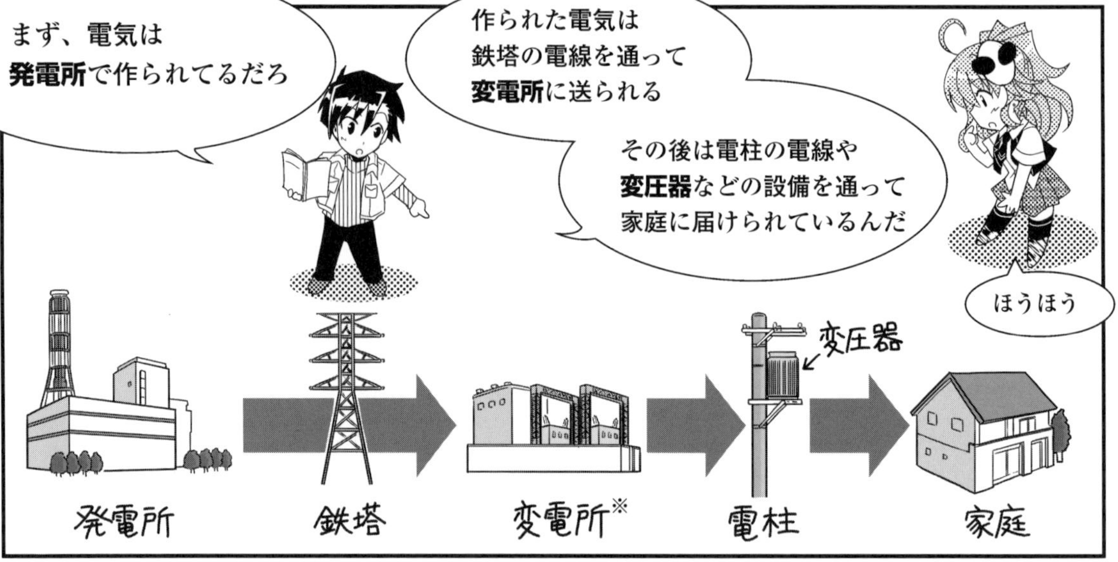

※実際には、超高圧変電所→１次変電所→配電用変電所など、複数の変電所を通ります。

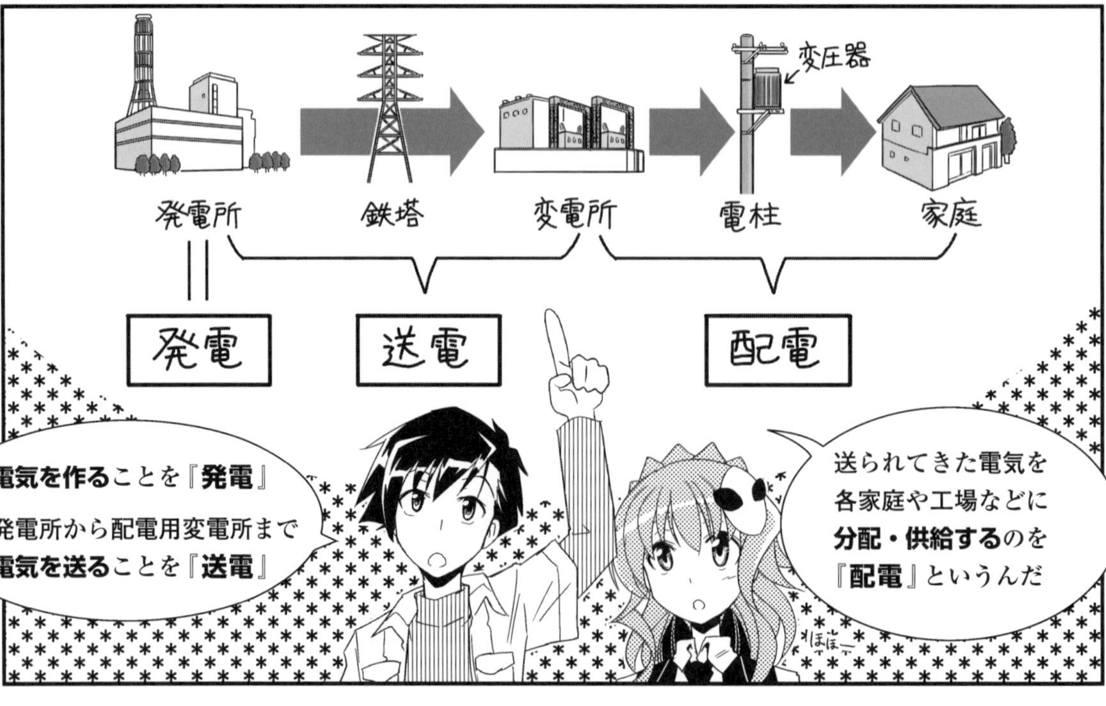

これらのシステムのおかげで、この部屋にも電気が送られてきてる…ってわけだね
むむぅ なるほど
一見単純そうだが実は奥が深そうだ…
うん！まさにその通り
作る　送る　そして配る
このシステムの中に多くの秘密と感動がある
誰もが当たり前の風景と見過ごす何気ない電線も脈々と受け継がれてきた知識と技術の集大成！
空を縦横無尽に走る電線を見るたびそれを実感して胸が熱くなるっ！
気が合うな地球人！！
ぱん！
そうだね宇宙人！
というわけで私にもっと詳しく**発電・送電・配電**を教えるのだ！！
うん！
……うん？なんでそうなるの！？
それが宇宙の意思だからだ！
どんな意思だよ宇宙！

断るなら
やはりあれは当艦への
攻撃だったと理解し
地球への侵攻を開始する
重い！
なんという圧力外交！！
地球の運命が今 俺の双肩に！？
ま、まあ
教えるだけなら
できると思うけど…
俺 電気科だし
よし
交渉成立だな
では
電気の勉強を
はじめるぞー！
脅迫と交渉って
同義語なのか
宇宙では
聞けよ
宇宙人。
……ちなみに私は
宇宙人と呼ばれるのは
バカっぽくて嫌いだ
地球外知的生命体
の方がいいな
だって……
なんか…
高尚な感じがするだろう？
うわ
すごく俗《バカ》っぽい…！！
うっとり

第1章

エネルギーと電力

1　エネルギー

エネルギーとは？

・・・・
…すまん
難しかったようだね
?
例えばこれ
電気エネルギーによって
この照明は「光を出す」という
「仕事」をしてるわけだ
ふむふむ
つまり明るい部屋で過ごせるのも
テレビや冷蔵庫が使えるのも
すべて電気エネルギーのおかげか
で
身近な電気エネルギー以外にも
色々なエネルギーがあるんだ
化学エネルギー、力学エネルギー
熱エネルギー、光エネルギーそれから原子力…
ちょ ちょっと待て
並木！
私が知りたいのは
電気エネルギーなのだ
他のエネルギーまで
勉強するというのは……
めんどくさ———。
好奇心どこにいった！！

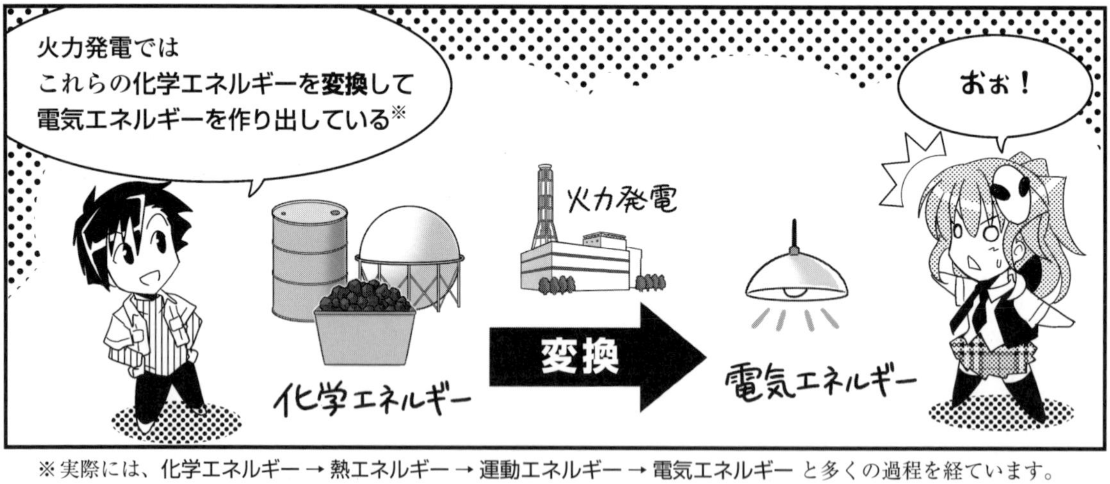

※実際には、化学エネルギー → 熱エネルギー → 運動エネルギー → 電気エネルギー と多くの過程を経ています。

ちなみに
自然界に存在するエネルギーを
一次エネルギー
一次エネルギー
・化石燃料
（石油.石炭.天然ガス）
・原子力（ウラン）
・再生可能エネルギー
（水力.太陽光.風力など）
二次エネルギー
・電気
・ガソリン
・都市ガス
使いやすいように
変換・加工されたものを
二次エネルギーという
なるほど確かに
ガソリン
電気
二次エネルギーとは
お前たちが
よく使っているな
この一次エネルギーのように
エネルギーを資源として
利用する場合には
太陽光
とか
これらは
『エネルギー資源』と
よばれるんだ
これらエネルギー資源については
後で詳しく説明することにして
今は次の説明に進もうか
うむわかった！
では次は何だ！？

エネルギー消費量

＜最終エネルギー消費の推移＞

最終エネルギー消費とは、**需要家**(電気の供給を受ける側)で消費される
エネルギーの総量のことです。
工場、オフィス、交通機関、一般家庭などでエネルギーを消費しています。

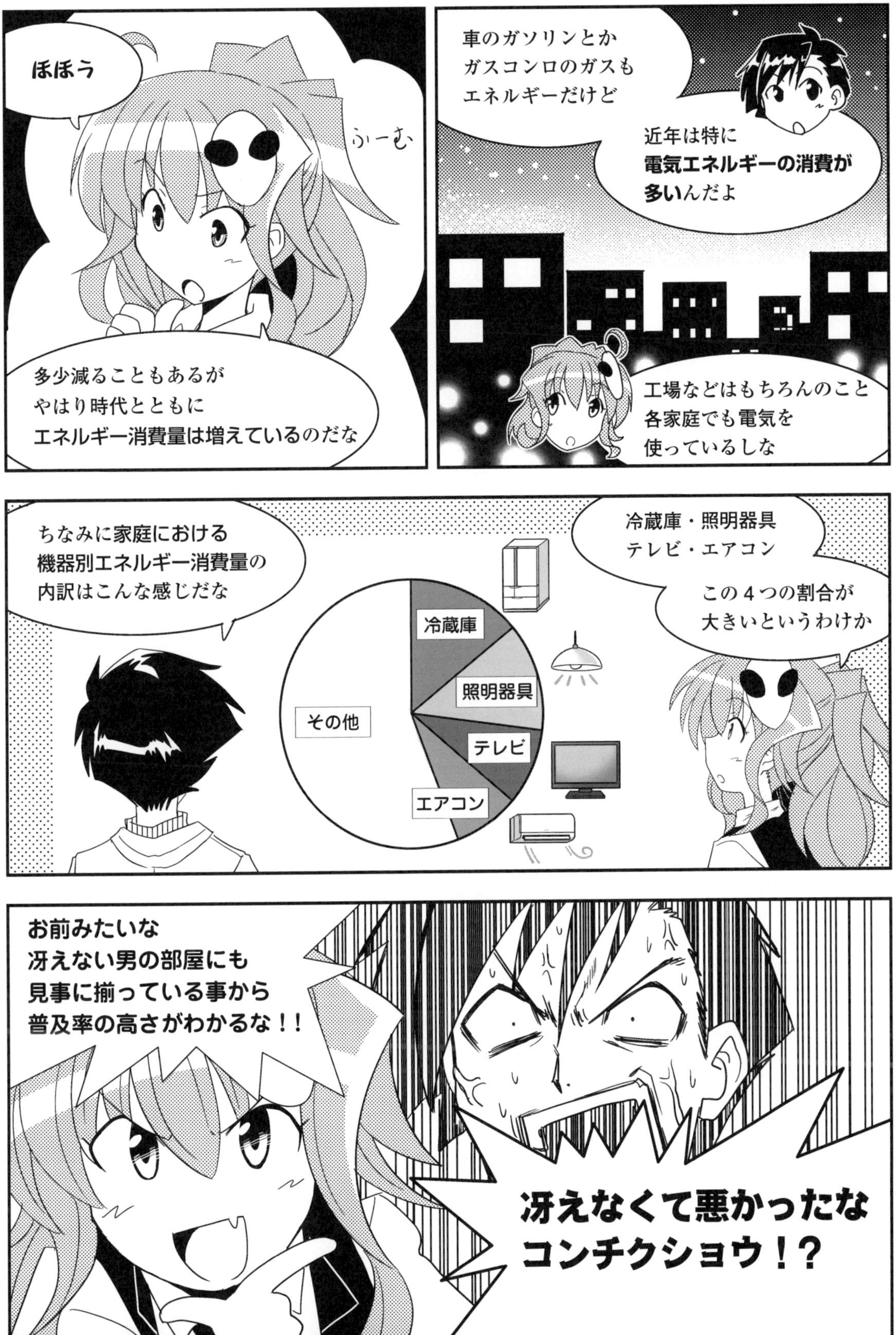
ほほう
ふーむ
多少減ることもあるが
やはり時代とともに
エネルギー消費量は増えているのだな
車のガソリンとか
ガスコンロのガスも
エネルギーだけど
近年は特に
電気エネルギーの消費が
多いんだよ
工場などはもちろんのこと
各家庭でも電気を
使っているしな
ちなみに家庭における
機器別エネルギー消費量の
内訳はこんな感じだな
冷蔵庫
照明器具
テレビ
エアコン
その他
冷蔵庫・照明器具
テレビ・エアコン
この４つの割合が
大きいというわけか
お前みたいな
冴えない男の部屋にも
見事に揃っている事から
普及率の高さがわかるな！！
冴えなくて悪かったな
コンチクショウ！？

なんつー納得の
仕方すんだよ…
まあ話戻すが
この中でも特に注目したいのは
エアコンだな
2011年の震災の後には
消費電力や節電のことが
よくニュースになっていて…
それなら
知っているぞ！
確か夏は冷房を使うので
消費電力が増えるらしいな！
特に午後２時頃が
電力需要のピークだと
いうではないか
ああ
それそれ確かになー
それはこの後のグラフで
さらに詳しく説明する
思い出した
だけで
汗が
とにかく
エネルギー消費量は
年々増えていて…
電力需要も問題になっている
ということは覚えておいてくれ
よし覚えた！
次はなんだ！？
ぶん
ぬぉー！
ぶん
不安だ……

グラフで見るエネルギー消費量

それでは、消費電力についてグラフで詳しく見ていこう。
消費電力は、季節や日によって大きく異なるんだよ。

ふっ、要するに暑い季節の暑い日には、冷房をガンガンつけて電力を消費している…ってことだろう？　まったく単純だな地球の者たちは。

ぐっ…！　いや、まぁ割とその通りなんだけどね。
とにかく下のグラフを見て。このように**一日の電力需要（負荷）の変化の様子**を表したものを『**日《にち》負《ふ》荷《か》曲線**』というんだ。

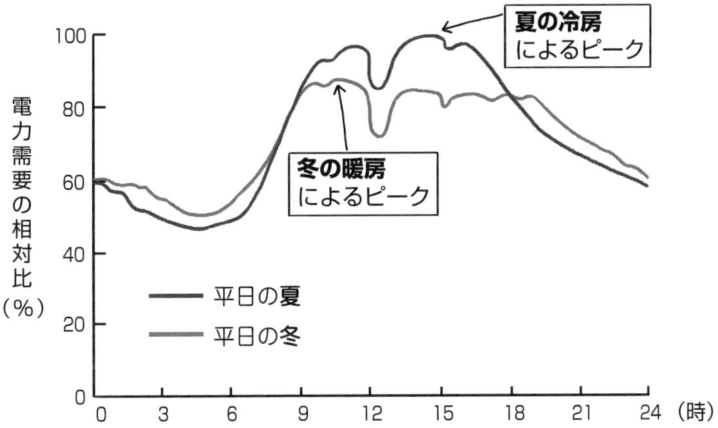

日負荷曲線

ほー。これを見れば、どの季節の何時頃に需要が集中しているか丸わかりだな。
夏の冷房が、電力需要のピーク。**冬の暖房**も需要が大きいようだ。

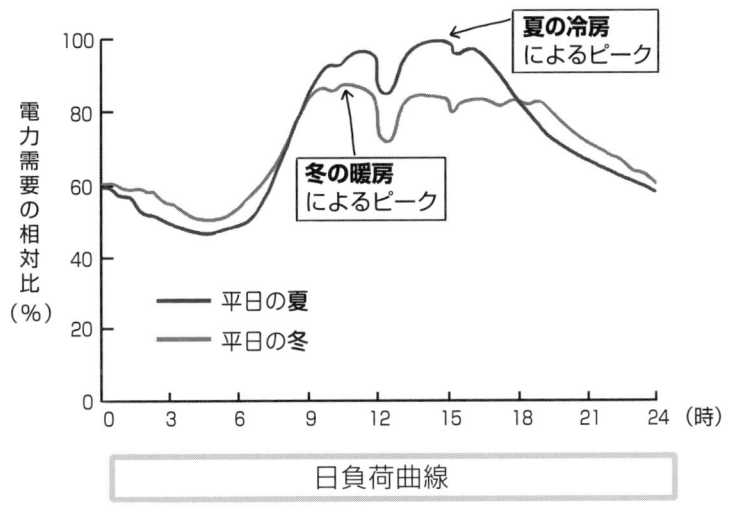

次は、こんなグラフもあるよ。
これは、**年度別、各月の最大消費電力**の推移のグラフなんだ。
１月から 12 月まで、季節によって差があることを見て欲しい。

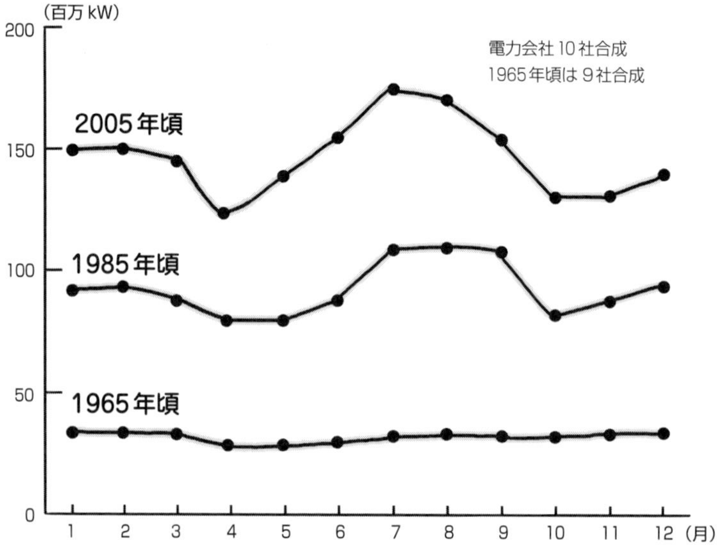

年度別各月の最大消費電力推移

ふむ。一番昔の 1965年頃は、**１年を通して、消費電力にあまり差がない**な。
でも 1985年頃 や 2005年頃では、**季節によって大きく差がある**ようだ。

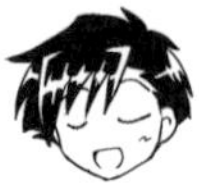

うん、これはエアコンの普及とか、データセンターのコンピュータの空調などの需要が増えた影響だろうね。

なるほど。人間たちだけではなく、コンピュータにも冷房は必要なのか。
うーむ…。それにしても、どうせ夏や冬に電力が必要になるとわかってるなら、計画的に電力を用意しておけばいいだろうに…。

まあ基本的に、**電気は貯めておくことができないエネルギー**だからね。
少しの量なら充電もできるけど、社会全体が使うような大量の電力を貯めておくのは、現時点では不可能だよ。

つまり、**みんなが使う電力量を毎日予測して、毎日毎日、電気を作らなきゃいけない**んだ (P.44 フォローアップにて解説します)。

むむぅ。
それでは、**電力量の予測**を頑張らないといけない…というわけか。

そういうことだね。
ただ、近年では各年・各月の気温などの**各種条件による変動が大きい**んだ。
過去のデータがあっても、その年の電力需要の予測を立てることは、すごく難しいんだよ。

下のグラフを見て欲しい。
これは、**年度別、各月の最大需要電力**の推移のグラフなんだ。
2007年度と2009年度を比べると、**同じ月でも、年度によってかなり電力需要に差がある**ことがわかるだろう？

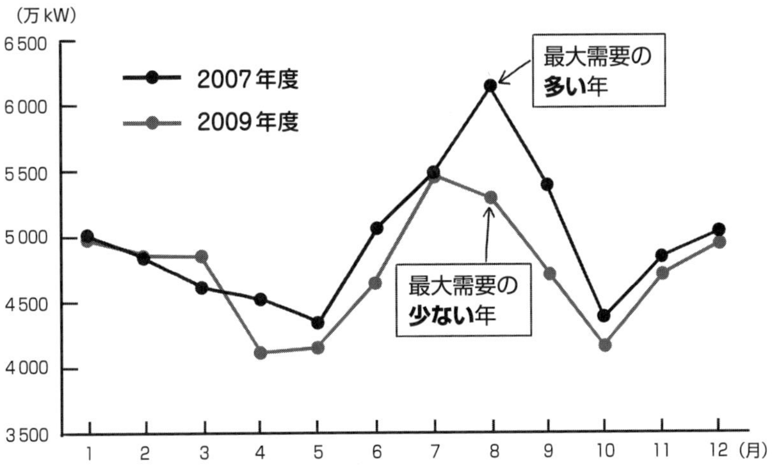

ある電力会社の年度別月別の最大需要電力推移の例

おぉ、本当だ！
天気は毎日きまぐれだし、涼しい夏や、猛暑の夏もあるからだろうな。
よし。こうなったらやるべきことは、ただ1つ。
……予知能力を鍛えることだな！

鍛えねぇよ！　みんなで節電する方が現実的だよ！！

エネルギー資源

では
エネルギー需要が増える一方で
世界にどれほどのエネルギー資源が存在するかを考えてみようか
エネルギー資源…
前にも出たがこういうものか
代表的なエネルギー資源
・化石燃料（石油、石炭、天然ガス）
・原子力（ウラン）
・再生可能エネルギー（水力、太陽光、風力など）
このなかで
再生可能エネルギーは
文字通り再生可能で
なくならないエネルギーなんだ
例えば太陽光とか
風力とかだな
サン
サン
フウウウ〜
ふむふむ
石油
石炭
天然ガス
ウラン
しかし、火力発電に使う
石油・石炭・天然ガスや
原子力発電に使うウランは
採掘していれば**いつかはなくなってしまう**資源なんだ
もう
だめだァ…
こっちも
なくなっちまったァあ!!
空です
コンチクショー!

タイムリミットが
あるということなのか…
そういうこと
で、あとどれくらいの間
生産を継続できるのか？を表すのが
可採《かさい》年数というものなんだ
可採年数＝確認埋蔵量／年間生産量
ふーむふむ
確認埋蔵量を年間生産量で
割って計算するのか
ここで注意だ
確認埋蔵量とはその名の通り
確認されている量なんだよな
だから
新しい埋蔵部分が
発見されたら当然
可採年数も変化する
実際に
2000年頃は石油の可採年数は
あと45年だったけど、2012年には
あと54年と延びているんだ
9年もか～
なんかアバウトだな
むー…
パラ
じゃあここでついでに
他の資源の可採年数も
紹介しよう！

バーン！
エネルギー資源の
可採年数
（2012年現在）
ウラン
100年
石炭
110年
天然
ガス
60年
石油
50年
可採年数は変動しやすいので、
このグラフは大まかに 10 年刻みとしています。
……
微妙だな
盛り上がってきた所で
その反応！?
エネルギー資源の枯渇問題と
騒がれているけど、
資源がすぐさま枯渇する
ってわけでもないよね
俺が
生きてる間は。
なんだ
ではとりあえずは
安心ということか
だって明日ピンチと
言うわけではないが
かといって永遠でもない
あーうんまあ
確かにそうかもなー
この円グラフを
見てくれ
すっ
……そう思う？
びくっ
でもそれよりも
重大な問題が
実はあるんだ…

残り少ない資源にもかかわらず、
日本ではエネルギー供給を
ほぼ輸入に頼っているんだ
日本の一次エネルギー供給構成
（2011年現在）
その他
原子力
石油
天然ガス
石炭
国産
約5%
輸入
約95%
特に石油は
その多くが中東からの
輸入なんだよ
お前……こんなに輸入に頼って
相手国と戦争になったら
どうするつもりだ！！
ならねぇよ！！
発想がいちいち
物騒すぎるなあ宇宙の人は！！
まあ石油資源が高騰したら
俺たちの生活にいろんな
影響が出るのは事実なんだけどね
電気代に
ガソリン代…
カップめんも
値上がりして
メシも食えねェ～…
大変だな…
そんなわけで特に日本では、資源を
大切に使う『**省エネルギー・省資源**』
そして**新エネルギーの開発**が
最重要課題なんだ

省エネルギー

ではここで、**省エネルギー**…いわゆる**省エネ**について考えてみよう。
すっかりお馴染みの言葉になったけど、そもそも『**省エネ**』の意味っていうのは**「エネルギーを効率よく利用することによって、今までより少ないエネルギーで今までと同じ社会的・経済的効果を得ること」**なんだ。

おおぅ、欲深くワガママっぽい望みだな！
だが、先程のエネルギー資源の問題を思い出せば、切実であることもわかる。
これからの時代、省エネは必須なのかもしれないな。

うんうん。さっそくだけど、**具体的な省エネルギー対策**としては、この3つが挙げられる。

① コージェネレーション※などの効率の良い発電設備を導入する
② 電力貯蔵設備※を導入する、化石燃料に代わる新しいエネルギー源を開発する
③ 節電に取り組む

※コージェネレーションはP.71、電力貯蔵設備はP.189にて解説します。

①と②は、個人ですぐに始めようとしても難しそうだな…。
この部屋で今日からでも取り組めそうなのは、**③節電に取り組む**か。
なんか地味そうだな。ちっ。

そこ、拗ねない！　確かに地味かもしれないけど、積み重ねれば立派な省エネになるんだ。次の表を見てみてよ。

使用機器	対策
エアコン 	・夏は 28 度、冬は 20 度に設定する。
照明器具 	・点灯時間を短くする。 ・白熱ランプから電球型蛍光ランプに交換する。
冷蔵庫 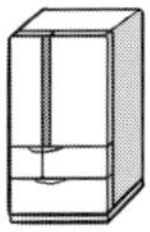	・開けている時間を短くする。 ・ものを詰め込まない。 ・熱いものは入れない。
洗濯機 	・まとめて洗う。

家庭でできる省エネルギー

ほほぉー。
ちょっとしたことだが、色々な対策があるのだな！

あと、一般家庭での省エネでは「**待機電力**」の問題も考えておきたいね。
テレビやオーディオなど、使っていないときでもコンセントに接続されていることがあるよね。すぐに操作できて便利だけど、電気製品を使用していないときでも、少しずつ、ずーっと電気が流れているんだ。

んん～。
それは……便利だが、無駄な電力でもあるな。

そうだねえ。待機電力として、一般家庭の全消費電力量の **10% 程度が無駄に消費されている**ともいわれている。
このように、俺たちはいつの間にか無駄な電力を浪費しちゃっている。
一人ひとりが自分のできる範囲で、省エネに取り組むことが大切だね。

うむ、わかった。まずはこの部屋の無駄な待機電力をなくそう。
さっそくこのコンセントを抜くぞ！！

ユユモ…。冷蔵庫のコンセントには手を出さないでくれ…！

2　電力品質

さて次は電力の品質についてだが…
ユユモは電気の基礎知識はあるかな？
『電圧』とか『周波数』『交流』とかの意味はわかる？
当たり前だ知ってるし聞いたこともある
ふんす
だが思い出せない！！
どーーーん
うん聞いた俺がバカでしたごめんなさい
やっぱか。
電気の基礎知識はこの冊子にまとめてあるから自信がなければチェックしてくれ
電気のキホン
わ わかった念のために見ておいてやる
……ね念のためになっ！！
…ツンデレ?

CHECK!

電気のキホンを、付録P.210にまとめています。
ここでは**電気の用語**も色々出てきますので、
どうぞ参考にしてください。

周波数変動の問題

では
「品質の良い」電力が何か
考えてみよう
ユユモの考えは
どうかな？
感電したときに
気持ちいいか
気持ち悪いかだな！！
だから物騒な考え方から
いったん離れようよ！？
電力品質を考えたときに
まず大事なのは
この3つだ
○ 停電しないこと
○ 周波数が一定であること
○ 電圧が一定であること
ほほう
ふんふん
つまりこれに
載ってるように…
電気の
安定していて
キレイ！
0
+
−
こんな綺麗な波の形が
ずっと続いていればいいと
そういうことか！

そういうことさ！
うっとり
その理想的かつ美しい波形《はけい》が
電力品質の高い状態なのさ
だけど
周波数が
変わってしまった!!
仮にもしも、こんなふうに
周波数が変動してしまったとしたら…
それはそれは
恐ろしいことに……
ゴゴゴ
は―っ
は―っ
お、
恐ろしいことだと
周波数が
変動してしまうと……
ゴクリ…
工場などの機械の中にある
モータの回転数も
変動してしまうという
恐ろしいことが！！
？
それの何が
恐ろしいのだ？
機械が安定しないということは！！
生産する製品にムラが発生する
想像してみてください……

今まで一定の高品質を
生産し続けていた安心と信頼の
工場製品が……
何じゃこりゃあ!!
突如としてむちゃくちゃなモノを
雑多に吐き出し始める惨状!!!!
気づいたときには……
すべての製品を破棄!!!
手元に広がるゴミの山!!!!
ひいいいいいい!!!!!
惨劇はそれだけに及ばず……
モータの回転数の変動で
異常振動が発生してメインの機械
そのものに危害が!!!!
工場設備の給水などの圧力も
変動してしまい、最悪……
運転継続すら困難に!!
そして破産!!!!!!
うわあああああ!!?
しゅ…周波数の乱れとは
なんという損害を……
ゴクリ
そんな悪い事態に
ならないように
高い電力品質が
維持されてるわけだ
な、なるほど…

電力品質の考え方

最後に、電力品質の考え方を紹介しておくよ
このように基準や規格が定められているんだ
うわ～色々とあるのだな！

電力品質の管理目標値など

項目	内容
周波数	標準周波数（50Hz または 60Hz）を基準として、±0.1 ～ 0.2Hz を偏差目標値とする。
供給電圧	100V 系統では、101 ± 6V 200V 系統では、202 ± 20V を維持する。
電圧フリッカ	瞬時的な電圧変動の結果で生じる「照明のちらつき度合い」を数値化した指標として $\varDelta V_{10}$ が用いられ、0.45V（Vは供給電圧）以内であることが求められる。
高調波	交流電流の「ひずみ成分」を取り出し、正規化して評価する。
停 電	事故・故障による停電と、計画停電がある。 わが国では 1 年あたり 10 分弱と世界最高レベルである。

3　電力ネットワーク

電力融通

どうしたのかね ユユモ君
わからないところがあれば 質問したまえよ まあ大抵のことなら想定内で 答えられると思うよ？
…うーむ
では尋ねるが 何故お前たちは東と西で こうも憎み合っているのだッ！？
ごめんなさい いきなり想定外の 質問だ！！！！
電気どころか 政治の話!?
隠しても無駄だ この冊子……じゃない ある情報筋によると
あ――
東日本は 50Hz 西日本は 60Hz と 同じ国なのに周波数が違う
激しい憎悪で屍山血河を 築いた末のこの東西の違い…… そう考えると悲しい……
人と人とは同じ星の 同じ国の者ですら こうまでして……

その話か…
それは初めて発電機を
輸入した明治時代に
関東は**ドイツ製**
関西は**アメリカ製**を選んだ
その名残りだよ
つまりアメリカとドイツに
ついての代理戦争……
おそるべし
ちげぇよ！？
西も東も
仲良しさんだよ！！
実際に北海道から九州まで
９つの電力会社※の電気系統は
すべて送電線で連結されてる
北海道電力
東北電力
北陸電力
関西電力
中国電力
九州電力
東京電力
中部電力
四国電力
沖縄電力
つまり
電力ネットワークが
できているんだ

※日本には、10社の電力会社があり、このうち沖縄電力を除く９社でネットワークができています。

電力不足などの緊急時には
他の電力会社から
電力を分けてもらう…
震災の時とか
おせわに
なったしね
『**電力融通**』なんてのも
できるんだよ
仲が悪く憎み合ってたら
こんなことはできないだろう？
なるほど
確かにな

全国基幹連系系統（2010年現在）

出典：電気事業連合会「電気事業の現状 2011」

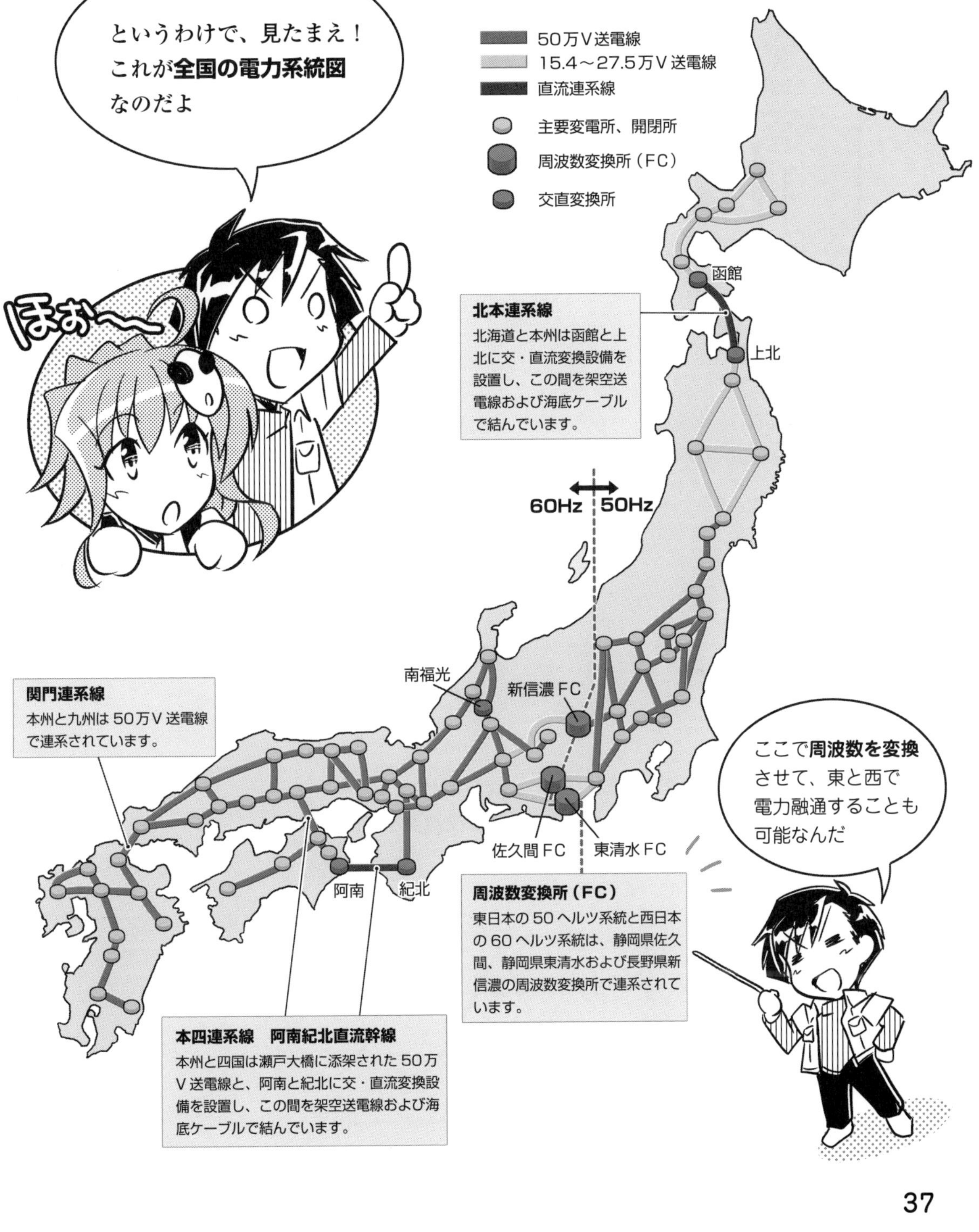

というわけで、見たまえ！
これが**全国の電力系統図**
なのだよ
ほぉ〜〜
50万V送電線
15.4〜27.5万V送電線
直流連系線
主要変電所、開閉所
周波数変換所（FC）
交直変換所
函館
上北
北本連系線
北海道と本州は函館と上北に交・直流変換設備を設置し、この間を架空送電線および海底ケーブルで結んでいます。
60Hz
50Hz
南福光
新信濃 FC
佐久間 FC
東清水 FC
阿南
紀北
関門連系線
本州と九州は 50万V 送電線で連系されています。
周波数変換所（FC）
東日本の 50 ヘルツ系統と西日本の 60 ヘルツ系統は、静岡県佐久間、静岡県東清水および長野県新信濃の周波数変換所で連系されています。
本四連系線　阿南紀北直流幹線
本州と四国は瀬戸大橋に添架された 50万 V 送電線と、阿南と紀北に交・直流変換設備を設置し、この間を架空送電線および海底ケーブルで結んでいます。
ここで**周波数を変換**させて、東と西で電力融通することも可能なんだ

単相交流と三相交流

さーて、ここで話はちょっと変わるけど…。
交流について、もっと詳しく説明しておきたいんだ。

むむ？　交流なら、もうバッチリ理解しているぞ！
家庭のコンセントの電気は「交流」で、こんな波形なのだな。

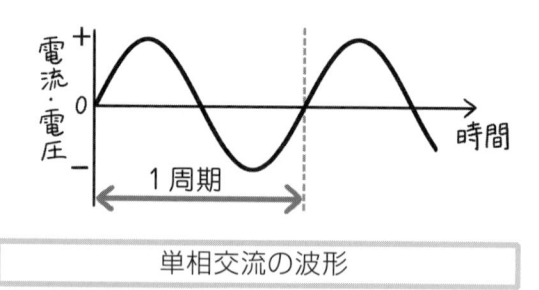

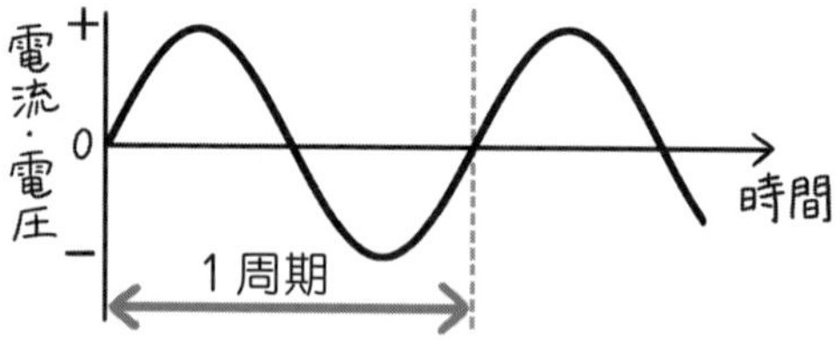

単相交流の波形

うん。でも交流はそれだけじゃないんだ。
今ユユモが言ってくれたのは『**単相《たんそう》交流**』というもの。
実は他に、単相交流を３つ組み合わせた『**三相《さんそう》交流**』というものがあるんだよ。

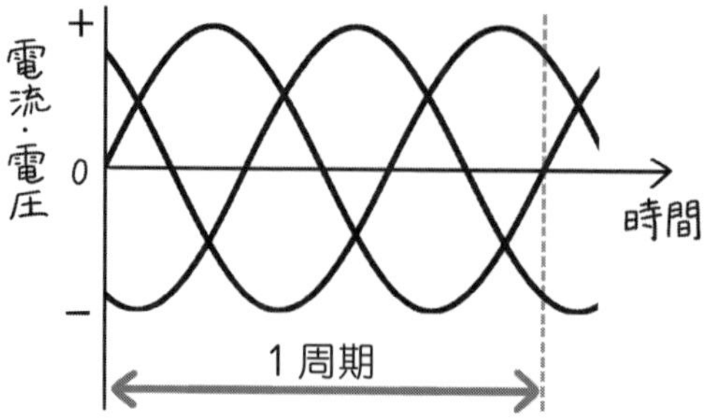

三相交流の波形

なんだこれは！
ズレつつ、3つの波形があるぞ！　3倍だと！？

実はほとんどの発電所では、三相交流を作り出す「**三相同期発電機**※」
というものが使われているんだ。
※発電機については、P.50で詳しく説明します。

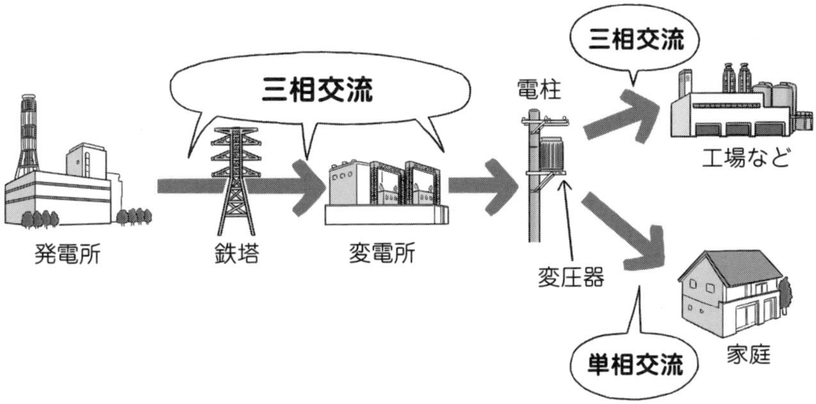

上の図のように、**発電機や送電線のほとんど**では、**三相交流**が用いられていて、
大きな工場などでも、そのまま三相交流を使ったりしている。
家庭用の電力だけは、電柱の変圧器で**単相交流**として取り出しているんだよ。

なるほど…。じゃあ、さっきの全国の電力ネットワークも、もちろん三相交流で
構成されてたってわけか。

その通り！　ちなみに、送電に**三相交流を用いるメリット**はこんな感じ。

- 同じ電力を送る際に、単相交流よりも**電線の数が少なくてすむ**。
- 工場で使用されている**モータを動かす**のに、三相交流の方が適している。

ふーむふむ。ところで、三相とか単相の『○**相**』ってのは、**波形の数**を表しているんだな。1つなら単相。3つだから三相ってふうに。
……**そう**だな！？　**そう**だよな！！

……。ああ、うん…。

電力システム

では締めくくりに『電力システム』について説明しよう
電力システムとは、発電所で作った電力を工場や各家庭などの需要家に供給するための…
みなまで言うな！ ちゃんとわかってるぞー？
要するに電力システムとは最初に教わった「発電・送電・配電」のことだろ？ こんなのだったな
発電
送電
配電
（P.10 参照）
うん 惜しい
あるぇー！？
といってもユユモが覚え違いしてるわけじゃないから安心してくれ
むしろ よく覚えてたよ
あのときは もう１つの重要な要素を説明してなかったんだ
それは…… 『変電』！！
なにい へんでんだとう！？

実は発電所から需要家に
届けられるまでの間に
「電圧」の大きさは変化している
交流の電圧を変換することを
変電というんだよ

そして詳しい電力システム図は
こんな感じになる
電圧〔V〕の数値に注目してね

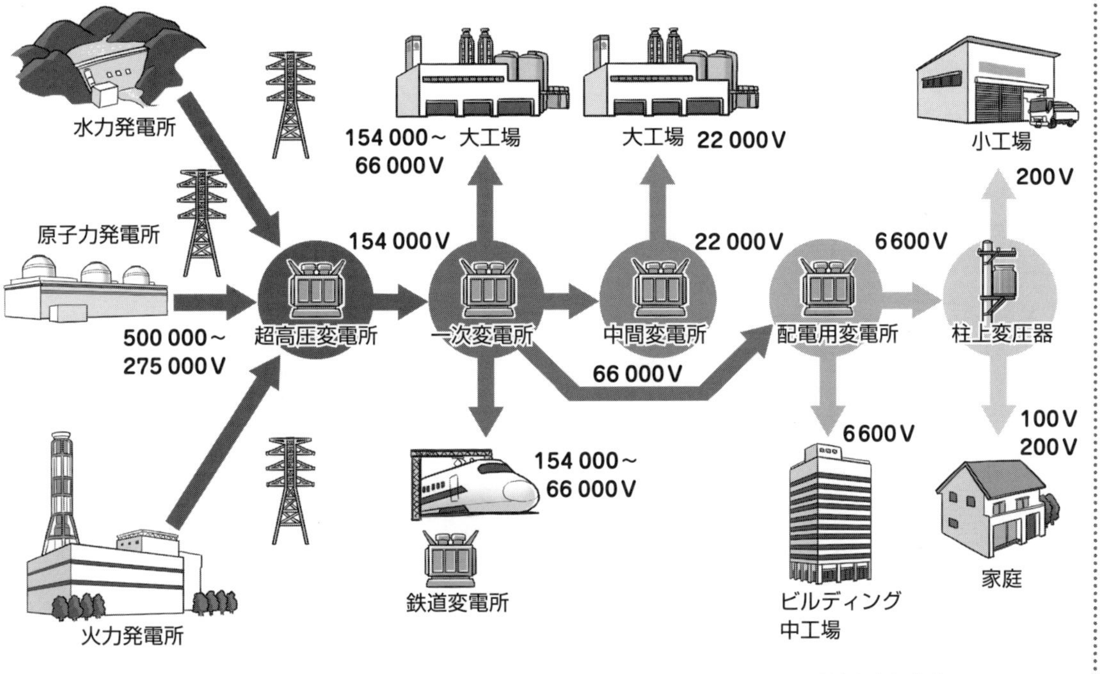

水力発電所
原子力発電所
500 000～
275 000V
火力発電所
超高圧変電所
154 000V
一次変電所
154 000～
66 000V
大工場
中間変電所
22 000V
大工場
22 000V
66 000V
154 000～
66 000V
鉄道変電所
配電用変電所
6 600V
6 600V
ビルディング
中工場
柱上変圧器
200V
小工場
100V
200V
家庭

電気事業連合会　http://www.fepc.or.jp/enterprise/souden/index.html　の図をもとに作成

確かにどんどん
電圧の数値が
変わっているな…
送電や変電については
後で詳しく説明するよ
(第３章にて解説します)

要するに電力システムとは
「発電・変電・送電・配電」を
統合したシステムというわけだな
理解したぞ完璧だ！！

というわけで授業は終わりだ
わかったら今日はとっとと帰って…
――って何そのくつろぎスタイルは！？
パジャマいつのまに！
ああ　私はしばらくここで世話になろうと思う
電気について学ぶためこの庶民的なアパートで寝泊まりして24時間電気を感じてみたい！！
ああ安心しろ防犯は大丈夫だぞ
なにしろ……
?

この通り護身用の宇宙レーザーが発射される
変なことしようとしたら即撃つぞ？
俺の貯金箱…
何もしようとしてないのに今撃ったよなはっきりと！?
ていうか小型破壊兵器持ってるのお前だ！！！！
他にも小銭入れにも缶切りにもなるし衣服や日用品を取り出すこともできる
ただの破壊兵器とは一線を画すこの多機能っぷり……
論点違うし！？
まあそういうわけでしばらくよろしく頼むぞ！
最悪だ！！！！

フォローアップ

◆ 系統運用

発電所や変電所といった設備は、単独で運用されているわけでなく、全体として経済的かつ効果的に電力供給が達成できるように運用されています。これを『**系統運用**』とよびます。日本では電力会社ごとにこの構成が決められており、本店にある**中央給電指令所**を中心として、**系統給電所・地方給電所・制御所**といった業務機関によって、階層的に業務が分担されています。各機関の名称や役割は各電力会社によって少しずつ異なりますが、代表的な役割を整理すると以下のようになります。

中央給電指令所：需給計画と運用、主要系統の操作指令、系統全体の運用総括
系統給電所：基幹系統の操作指令、主要水力発電所の需要運用
地方給電所：地方系統の操作指令、地方水力発電所の需要運用
制御所：発電所・変電所・開閉所の監視と操作の実施

このなかでも**中央給電指令所**は、電力会社の中枢と言ってよい機関です。供給区域の**電力需要を予測する**とともに、設備の修繕計画も盛り込んで、運用方針を策定します。

また、実際の運用にあたっては、電力需要は時々刻々と変化していくため、発電機の出力調整指令や、送電線の潮流制御（電力の流れを制御すること）が必要となります。これらを24時間昼夜を問わず、統括的に実施しているが中央給電指令所なのです。

◆ 需給計画

電力供給は、長期的な視点をもって計画することが重要です。発電所をはじめとする電力設備の形成には、数年から10年単位の長い時間を要し、その間には人口や景気、化石燃料価格なども影響してきます。これらを踏まえ、供給計画を策定する必要があるのです。なかでも**需要がどのように変動するか**、それに対して**供給をどのように準備するか**がキーポイントであり、これを『**需給計画**』とよんでいます。

また、需給計画にはより短い期間も含まれており、翌日の運転計画も含まれます。このときには、翌日の気象状況と、類似の過去のデータを主に参照して、計画が策定されます。

第2章

発電

1 発電の基本

タービンと発電機

出かけるのは結構だが…
一体どこに行こうというのだ？
今日教えるのは『**発電**』だろ？
発電なら俺より詳しい人がいるからな
二日目にして授業を他人任せ……か 責任感皆無にも程が
ふ——……
酷い言われようにも程が！

じゃあ 俺からも
軽く教えておくか…
ほら そこの
自転車のライト
あれも立派な
発電機なんだ
自転車の発電機のしくみ
まず、タイヤとの
摩擦の力によって、
発電機の中の
磁石が回転する
コイル
N
S
磁石
コイル
ほう！
※コイルとは、電線をくるくる巻いたものです。
磁石が回転すると
コイルに電流が流れて
電気がつくんだよ
くるくる回転する力によって
電気が生まれたわけだな
その通り！
発電機は
「回転する力」を
利用して発電している
ところでユユモは
発電方法にどんなのがあるか
わかる？

えっと確か…
原子力発電
原子力
水力発電
火力発電
火力
水力
※ 風力発電、太陽光発電は第５章で解説します。
…が特に有名だな 聞いたことはあるぞ
うん そうだね 発電の方法は色々あるけど…
ぐるぐる
どれも最終的には **回転する力を利用して** **発電**しているんだ
火力発電・原子力発電では このように…
タービン
発電機
タービンと発電機が **直結してセット**になってる
色々な力 例えば、火力・原子力の蒸気
回転！
発電！
で、色々な力でタービンを 回転させるだろ
タービンが回転すると 直結している**発電機も** **動いて発電する**
ターバン？
ナマステ？
タービンな
回転するのに適した機械 と思っておけばいい

おぉなるほど
詳しく言うなら
発電機の中の磁石が
タービンにつられて
くるくる回転しているのか
N
S
くるくる
磁石の中心にある
「軸」でタービンと
直結しています。
水力発電では水車を使ってる
水車もタービンの一種なので
原理は一緒だな
発電機
水力
水車
回転！
水車が回転すると
発電機も動いて発電すると
いうわけだ
よし！
発電についてよくわかった
完璧にマスターした！
今日の勉強は簡単だった
いや違うな
この私の理解が早すぎるせいか…
授業はまだ
始まってもいない！
本番はこれからだよ！
聞けよ！

三相交流発電機

さて、ここで「**発電機の中身**」について詳しく解説するよ。

ん？ 発電機の中身ならさっき、自転車のライトのとこで見たぞ。
コイルが上側と下側で１組あって、真ん中で**磁石**が回っているのだろう？

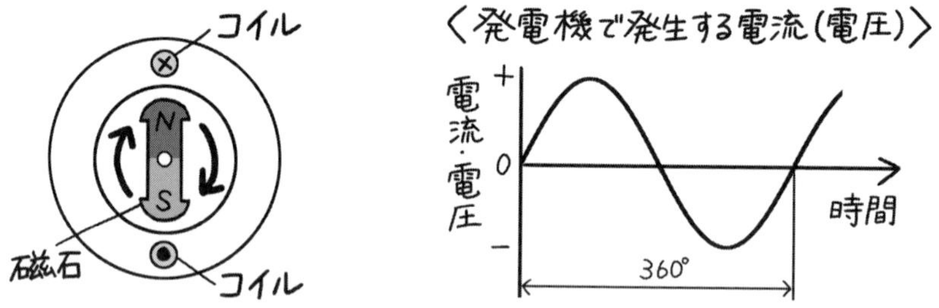

単相交流発電機のしくみ

うん。自転車のライトなどの「**単相交流発電機**」のしくみは、上図だね。
ただ、**発電所で使われている発電機**は、下図のようにもっと複雑なんだ。

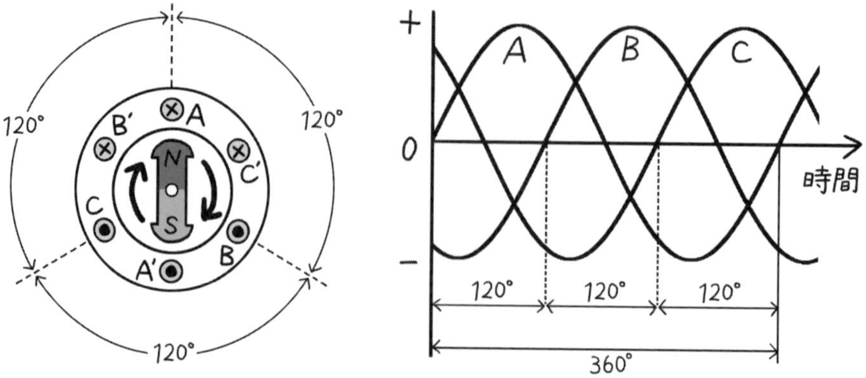

三相交流発電機のしくみ

ありゃりゃ！？ なんかコイルが多いぞ。
「AとA′」「BとB′」「CとC′」というふうに、6つで…3組もあるではないか！

そう。この**3組のコイル**が、それぞれ交流電圧（電流）を生み出しているんだ。
このような発電機は「**三相交流発電機**」というよ。
図を見ればわかるように、120°ずつ遅れて、3つの交流電圧が発生してるよね。
3組のコイルが配置されているおかげで、より効率よく電気が生み出せるってわけだ。

三相交流は前にも習ったな（P.38参照）。
そうか、こんなふうに**3組のコイルだから、3つの波形**が生まれているのか。

あと、電力会社の発電所では通常、**同期発電機**というものが使用されている。
同期発電機は、**回転速度に応じた一定の周波数**の三相交流を作り出すことができるんだ。
まあそんなわけで、発電所で使われている発電機は『**三相同期発電機**』と覚えておくといいよ。

三相と**同期**…。
これが発電所の発電機の特徴なんだな！ 理解した。
しかし、発電所のことはまだまだ未知の世界だ。さあ早く教えるのだ。

はいはい。次から、いよいよ本格的に発電の勉強をしていくよー！

MEMO　同期とは？

同期という言葉には、元々「作動を一致させる」「同じである」という意味合いがあります。

少し難しいですが、今回の電気に関する『**同期**』は、

- **系統と発電機および系統間の連系に際し、**
  電圧、周波数、位相、相順がすべて同じ

という意味になります。

※ 前ページの図において、◉⊗ は**電流の向き**を示しています。
◉は「奥側から手前への向き」、⊗は「手前側から奥側への向き」となります。

2　水力発電

電力ミュージアム
さあ
ここで発電について
教えてもらおう
教えてもらうとは
一体…
ようこそー！
まずは私と一緒に
水力発電を
学んでいきましょう～♪
すいちゃん
！！！！？？？？
ギュウウウ
な なな
なんだ
こいつは
かっかか
かっか
可愛い！！
この星には
こんな生き物が…
言語能力も高くて
ありえんだろう！！
がしっ！
勘違いしてるなあ…

水力発電とは

さっそくご説明しましょう
水力発電のしくみは簡単！
ダム
高低差！
取水口
水
発電機
水車
水が高い所から低い所へ落ちる力を利用し、**水車**を回して発電しているのです！
水車が回ることで発電機も動くんだったな
うんうん
水の**位置エネルギー**※が水車を動かす運動エネルギーになり、電気エネルギーへと変換されているということだ
水力発電に使う水は、自然にあり**枯渇することがないエネルギー源**ですもちろん輸入もしなくていいのです
他にも水力発電の特徴は色々とありまして……
えーと**エネルギーの変換効率**が高いんだったよな
水の位置エネルギーの**80%**を電気に変えることができる
水力 80%
火力 40%
原子力 35%
ちなみに火力だと 40% 原子力 35%、風力 25% とか
（風力はP.180で解説します）
比べてみると随分効率がいいな！

※位置エネルギーは、高低差によって生じるエネルギーです。

あと
二酸化炭素の排出量が
少ないんだ
火力発電の70分の1
の排出量とか…
ええその通り
でも他にも特徴は
あります！！
水力発電は、電力需要に
すぐに対応可能！
そ　そうなのか？
水力発電には
役割に応じたいくつかの
発電方式があります
ですので
電力が急に必要に
なったときに……
ビーッ
ビーッ
大変です！
需要上昇
電力が
足りません！！
――落ち着け
こんなときこそ
水力発電の
出番だ
…という感じで
臨機応変に
稼働できるのです！
おお
すごいな水力発電…！！

役割に応じた発電方式

それでは**発電方式**をご紹介しましょう
『小容量だけど、常に一定で発電している発電方式』もありますし
『電力が急に必要になったときに臨機応変で稼働できる発電方式』もあるんですよ
つまりわかりやすく言うと…
いつもコツコツ世話を焼いてくれる
幼なじみタイプ
ピンチのときだけ助けてくれる
謎の美少女タイプ
という役割分担か！
なるほどわかりやすいが
その発想
キモい。
さ、さあ代表的な４つの発電方式は
次のようになりますよ～！

＜水力発電の発電方式＞

① 流れ込み式

河川を流れている水をためずに、そのまま発電に利用します。
出力が小さな発電ですが、**常に一定の電力を発電**できるのが特徴です。

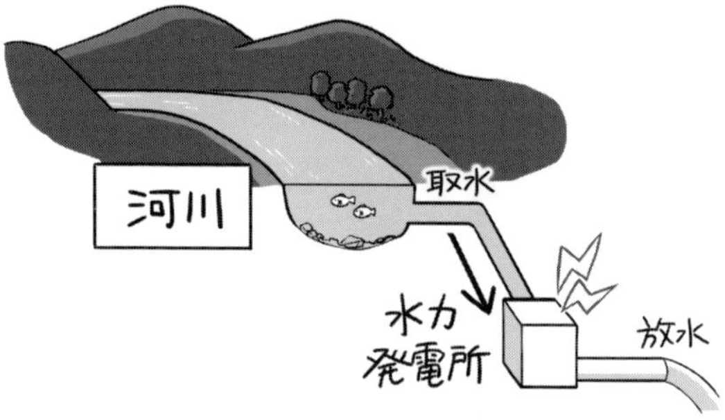

「**① 流れ込み式**」は、河川の水をそのまま利用しています。
比較的、建設コストが抑えられるというメリットもあるんですよ。

② 調整池式

規模の小さなダムを使用します。
夜間や週末の電力消費の少ないときに、河川の水を発電しないで小さいダムにためておき、電力を多く使われるときに電力消費量に合わせて水量を調節しながら発電します。
１日～数日間の急な電力使用量の変化に対応できます。

③ 貯水池式

調整池より規模の大きなダムを使用します。
水量が多く電力の消費が比較的少ない**春・秋**に、河川の水を大きなダムにためておき、電力の消費が激しい**夏・冬**にためた水を発電に使います。
季節ごとに水量を調節して、電力使用量の変動に対応します。

「②**調整池式**と③**貯水池式**」は、『ためられるときに**水をためて準備しておく**』という考え方なのですよ。

なるほど、納得だ。**電気そのものを貯めておくことはできないが、水をためておくことはできる**からな。

④ 揚水式

発電所を挟んで、河川の上部と下部にダムを作ります。
夜間に「**火力発電や原子力発電の余った電力**」を使って、**下部のダムから上部のダムへ水をくみ上げておきます。**
そして、電力使用量の多い昼間に、くみ上げた水を使って発電を行います。

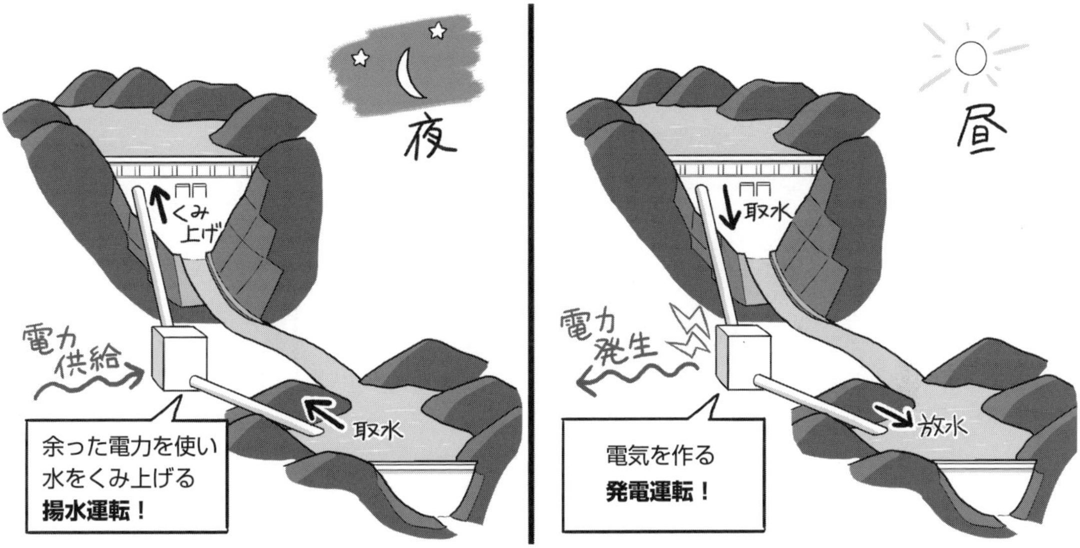
夜
くみ上げ
電力供給
取水
余った電力を使い
水をくみ上げる
揚水運転！
昼
取水
電力発生
放水
電気を作る
発電運転！

この「④**揚水式**」も、結構驚かされる方法だな。
余った電気を使って、水をくみ上げておくとは…！
地球人の健気な工夫が伺える。

電気が貯められない代わりに、水をためておくというわけだな。

ふふふ。感心して頂けて嬉しいです。
このような方式で、さまざまな電力需要に対応しているというわけなんですよ。

水力発電の発電出力

うふふ。せっかくですから、ここで少し難しいお話もしちゃいますね。
ほら！　こちらの**数式**をご覧ください。

＜水力発電の発電能力の式＞

水力発電の出力 P は、落差（高低差）と、流量で決まります。

$$P = 9.8 \times Q \times H \times \eta \ 〔\mathrm{kW}〕$$

P ：**発電出力**〔kW〕… 発電によって作り出せる、電力の大きさ

9.8：**重力加速度**〔$\mathrm{m/s^2}$〕… 物体が落下する際に、重力により生じる加速度

Q ：**流量**〔$\mathrm{m^3/s}$〕… 1秒間に流れる水の体積

H ：**有効落差**〔m〕［総落差 － 損失落差］… 次ページにて解説

η ：**効率**　［水車効率×発電機効率×増速機効率など、60～85％程度］
… 使用されている機器などにより変化する、発電の効率

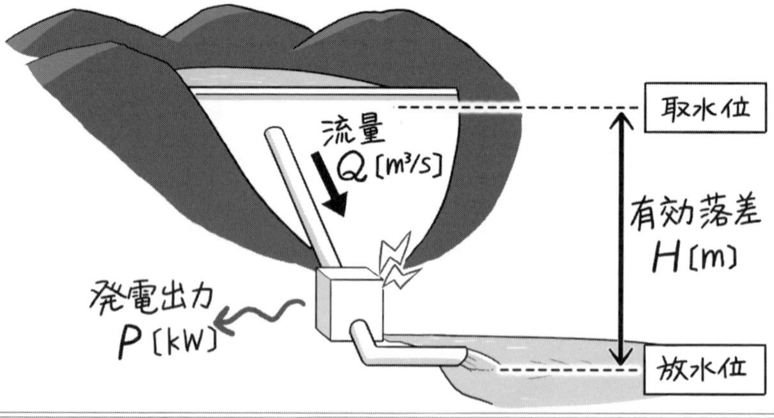
取水位
流量
Q〔m³/s〕
有効落差
H〔m〕
発電出力
P〔kW〕
放水位

……！？
頭が思考を拒否したぞ！　急に難易度を上げるとは、なんたる不親切！

いや…落ち着いて読んでみると、結構意味がわかるぞ。
水力発電で生まれる出力（電力の大きさ）は、**落差**（高低差）と、**流量**で決まる。
要するに、**落差と流量を大きくすれば、大きな電力が得られる**って話だな。

そうです！　ちなみに『流量』とは「1秒間に流れる水の体積」のことです。
つまり、**多くの水が速く流れると、流量が大きい**というわけです。

ふーむ。確かにそう言われるとピンとくるぞ。
高い場所から(**落差が大きい**)、多くの水が速く流れてきたら(**流量が大きい**)、水車だってぎゅんぎゅん回って、たくさん発電できそうだ！

その通りです！　ばっちりイメージできたみたいですね～。
では次は、「**総落差**」「**有効落差**」「**損失落差**」もお教えしちゃいましょう。
さっきお見せした数式にも、「有効落差」が入っていましたよね。
まとめてご説明するとこんな感じなんです。

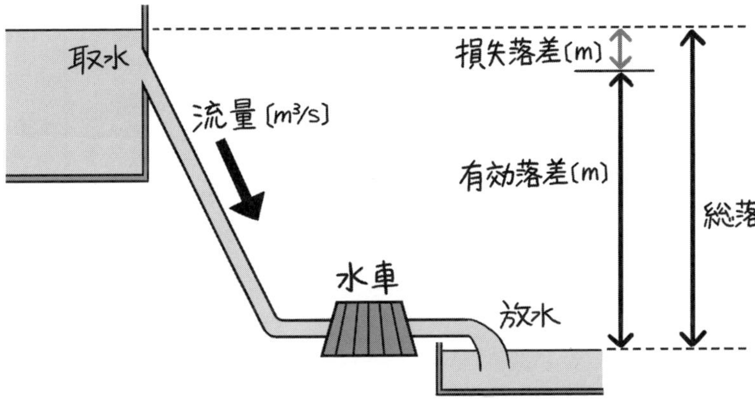

＜総落差、有効落差、損失落差の関係＞

総落差：発電のための「取水地点の水位」と「放水地点の水位」との、高低差です。

損失落差：水路や管の中を水が流れると、摩擦などにより必ず損失が生まれます。
この損失を落差に置き換えたものが、損失落差です。
※損失落差は水全体で発生しますが、便宜上図の上の方に書いています。

有効落差：水車を回すために、実際に利用できる落差です。
総落差から、損失落差を差し引いた値になっています。
水車の選定や発電出力の計算には、この有効落差を用いるのです。

図を見ればなんとなくわかるぞ。
無駄になってしまう、失われてしまう落差もあるんだな。

数式というと難しそうだが、言葉の意味やイメージがわかると、案外理解しやすいよな。

水車の種類、建設方法

くっくっく…
私はついに水力発電のポイントを理解してしまった…
つまり
どかーっと大量の水をためて
どーんと高い場所から
ざばーっと勢いよく流す！
そうすれば
大量の電気が！！
ざばーーっ
発電機
水車
その通り！
…と理想通りにいかないのもまた現実だけど
地形の問題とかで、
そんなに高さを稼げない
水力発電所だって
あるだろうしなあ
そうなのです！
ほー
水力発電所を設置する場所や
発電する規模に合わせて、
色々と工夫が必要なのですよ
次は、代表的な
「水車の種類」と「建設方法」を
一緒に見ていくことに
しましょう！

＜代表的な水車の種類＞

① ペルトン水車

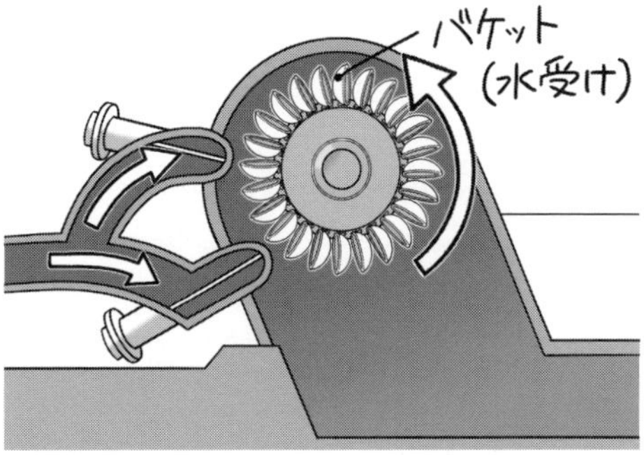

ノズルから噴き出す水を、お椀のようなバケット（水受け）にあてて回転させます。

水の勢いが大きい高落差の場所（150～800m程度）に適しています。

② カプラン水車

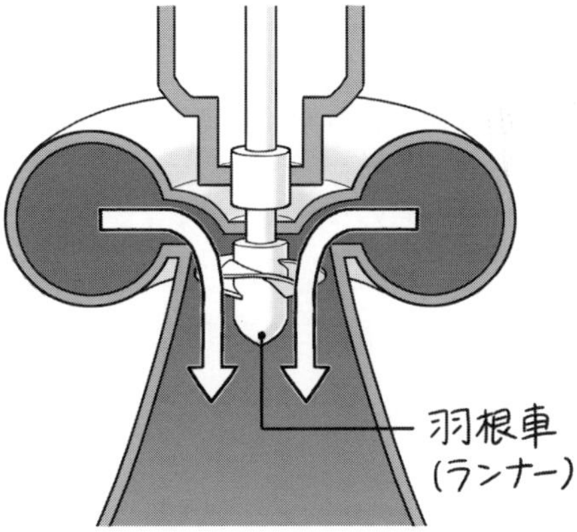

両側から水を流し込み、船のスクリューのような形をしているランナー（羽根車）を回転させます。

なだらかな川など、低落差の場所（3～90m程度）に適しています。水の量や落差の変化によって、羽の角度を変えることができます。

※羽の角度が変えられないものは、**プロペラ水車**といいます。

③ フランシス水車

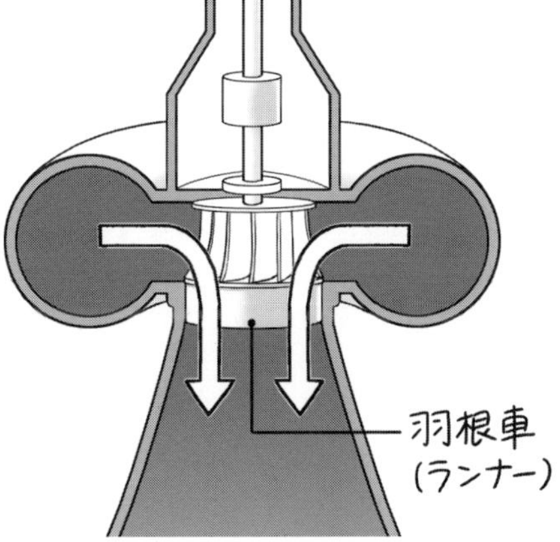

②のカプラン水車と同じように、両側から水を流し込み、ランナー（羽根車）を回転させます。

水の量や強さによって色々な形や大きさのものがあります。**中落差の場所**（50～500m程度）に適しており、多くの発電所で使用されています。もっとも一般的な水車であり、**日本の水力発電の約７割**を占めています。

＜代表的な建設方法＞

① ダム式

ダムによる高い水位により、**落差**を得る方法です。河川の水をせき止めるダムによって、人工的な湖を作ります。せき止められた水の水位は上がります。そして発電所までの落差を利用して発電します。

② 水路式

落差が得られる場所まで、**水路を使って水を移動させる**方法です。
小さな堤防などを作り、水を取り入れます。それから長い水路を通して、落差が稼げる場所まで水を移動させます。

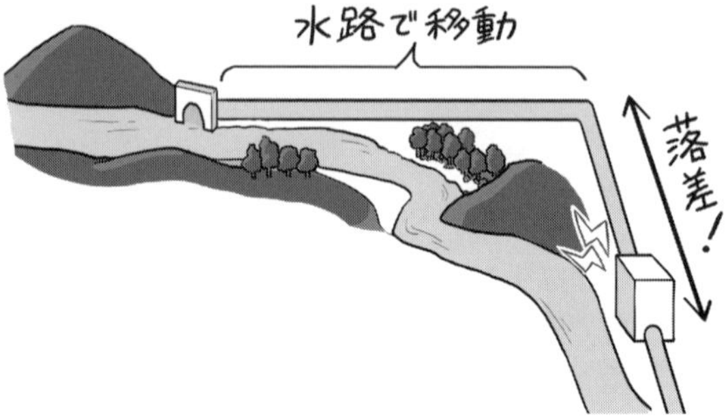

③ ダム水路式

「ダム式」と「水路式」を組み合わせた方式です。ダムでためた水を、水路を通して下流に流して発電します。

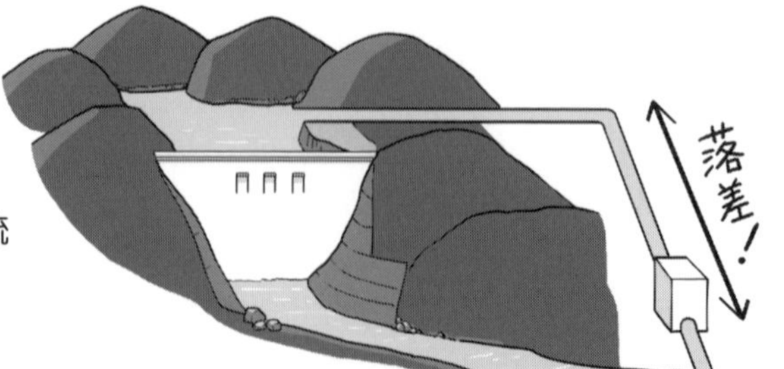

ふぃー、なんだか色々な方法があるんだなあ。

はい！　**実際に設置する地形など**に合わせて、建設方法やしくみがいくつも用意されているのです。

小水力発電、波力発電、海洋温度差発電

最後に『**小水力発電**』『**波力発電**』『**海洋温度差発電**』をご紹介します～♪
小水力発電は、ダムなどを必要としない、規模の小さな発電方法です。
波力発電と**海洋温度差発電**は、新しい発電方法で海に関係しています。

『**小水力発電**』は、出力1000kW以下の水力発電設備の総称です。
今まで未利用だった中小規模の河川や農業用水路を活用することから、地方再生の発電設備として注目されています。
下水道の有効活用にもなります。

P.61の水車のほか、開放型上掛水車・下掛水車、チューブラ水車なども使用されます。
開放型水車はモニュメントとしても活用できます。

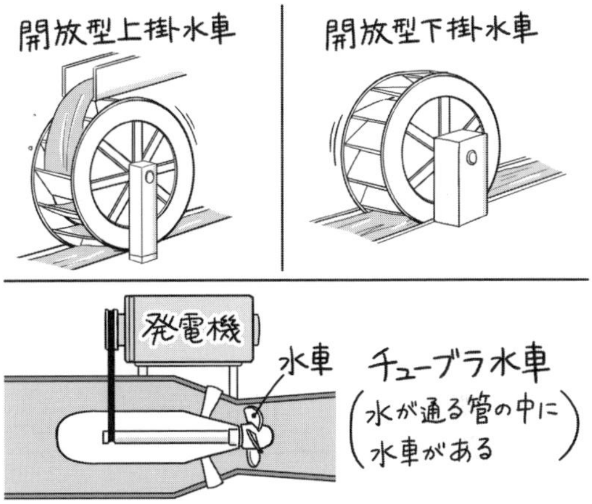

『**波力発電**』は、**海面の上がり下がりを利用した発電**です。波の上下運動によって生じる、空気の流れによってタービンを回します。

寄せ波か引き波かで、空気の流れの向きは変わりますが、**ウェルズタービン**という特殊なタービンは、空気の動きが変わっても同じ方向に回ります。

注意！ 波力発電は、水力発電ではありません。

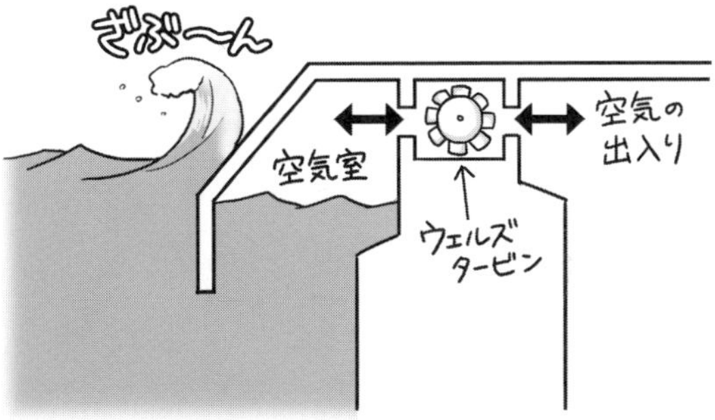

『**海洋温度差発電**』は、海洋表層の**温かい海水**と海底約1kmの深層にある**冷たい海水**の、**温度差を利用した発電**です。
沸点の低いアンモニアを、温かい海水で蒸気にして、タービンを回します。

発電後の蒸気は、冷たい海水で冷やして、液体に戻して循環させています。

注意！ 海洋温度差発電は、水力発電ではありません。

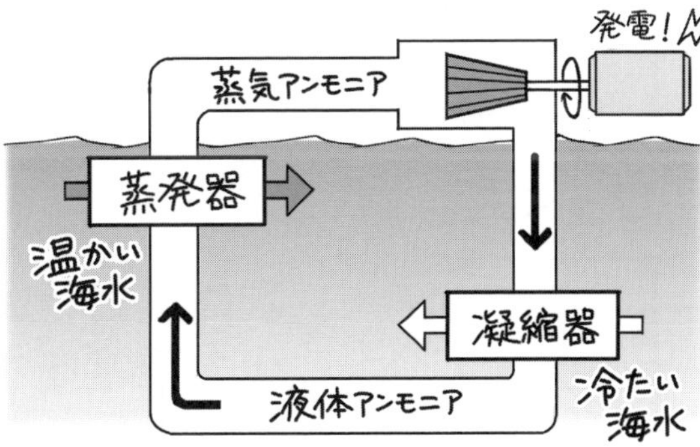

3　火力発電

ん一っ
今日は随分と
勉強した！
しかしこのままでは
ただでさえ知的なユユモちゃんが
ますます賢くなってしまう…
満足感に浸ってるとこ
悪いけど、まだまだ
他の発電があるからな？
次はえーと…
おまたせー！
ひーくん
次は僕と一緒に
火力発電を
学びましょう！
はうあ！
並木！ こっこいつも
かわいい！
どうしよう！！
ああ うん…

火力発電とは

えっと
火力発電と言えば…
火力発電
化学エネルギー
変換
電気エネルギー
（P.16 参照）
化学エネルギーを
電気エネルギーに
変換することだったな
その通り！
でも詳しく言うと、
熱エネルギーや
運動エネルギーも
関係あるんです
これを見て下さい
化学エネルギー（化学燃料）を燃やして
発生した熱エネルギーは、水を蒸気に変え
その蒸気がタービンを回します
①熱エネルギー
②運動エネルギー
③電気エネルギー
蒸気
タービン
発電
燃料
ボイラー
水
復水器
（次ページで解説します）
タービンが回転するのは
運動エネルギーですね
その運動エネルギーが
発電機によって、
電気エネルギーへと
変換されるのです
ひーくん
ほぉーう
エネルギーを
どんどん変換して
いるのだな

ちなみに
タービンを回した蒸気は、その後
復水器で冷やされて**水**になります
復水器のイメージ
蒸気
冷却水（海水）が
出入りすることで、
蒸気が冷やされて
水になる
水
※冷却水には、海水を使用することが多いのです。
そしてその水は
再びボイラーへと
循環されるのです
熱され冷やされ
エンドレスの無間《むげん》地獄……
恐るべし地獄の業火！
そこは
効率がいいシステムだねー
とか言葉選ぼうよ！？
そんな火力発電には
主に４つの種類が
あるんです
ぴーくん
特徴を一緒に
見ていきましょう！
ばっ！

火力発電の種類と特徴

① 汽力発電（蒸気が活躍するよ！）

汽力発電は、火力発電で**一番多く使われている**発電方式です。
石油、LNG（液化天然ガス）、石炭などの燃料を燃やして、ボイラーで高温・高圧の蒸気を作ります。
この蒸気により**蒸気タービン**を回して、発電機を動かし発電します。

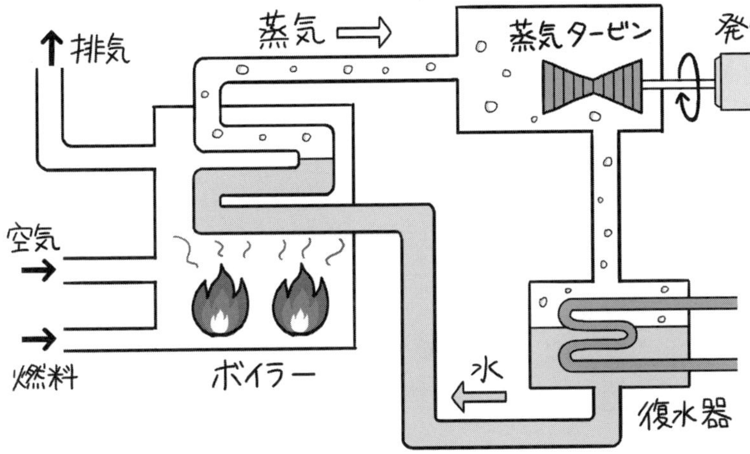

汽力《きりょく》とは「蒸気の力」のことらしい。
そういえば「蒸気機関車」のことを「汽車」と言ったりもするな。

そうなんです。また、汽力発電の特徴は、**使用する燃料の種類が幅広い**ことです。
「石油、LNG、石炭」はもちろんのこと、原油の中で最も重質なアスファルトやバイオマス燃料（P.76で説明）を石炭に混ぜて、燃料にすることもできます。

おおっ、ワイルドに色々燃やしてしまうんだな。

はい。さまざまな燃料を燃やして燃焼ガスを発生させるので、そのガスをそのまま蒸気にすると不純物がタービンに混じってしまいます。
そこでその燃料は純粋な**水を加熱する**ことに使い、水を蒸気にしてタービンを回しているのです。

② ガスタービン発電（ガスが活躍するよ！）

ガスタービン発電では、**灯油や軽油、LNG（液化天然ガス）**などの燃料を燃やして温度の高い**燃焼ガス**を作ります。
この燃焼ガスで**ガスタービン**を回して、発電機を動かし発電します。

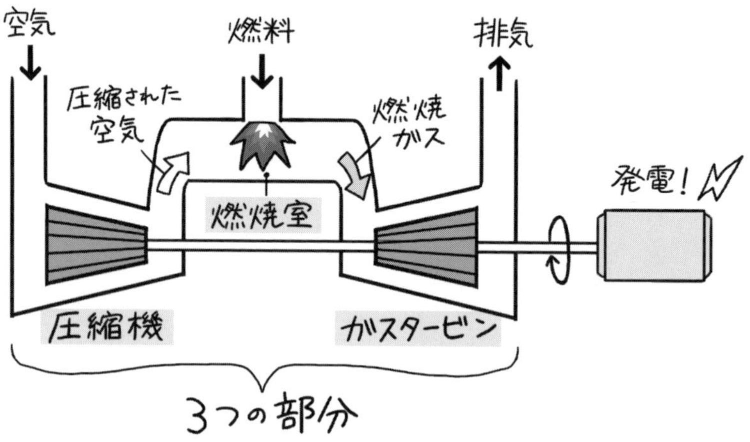

さっきの「**①汽力発電**」は、蒸気を作って**蒸気タービン**を回してたけど…。
今回の「**②ガスタービン発電**」は、ガスを作って**ガスタービン**を回すのか。

その通りです。
ちなみに、ガスタービンは「**圧縮機・燃焼室・ガスタービン**」の３つの部分で構成されているんですよ。上の図を見るとわかりますよね。

「**圧縮機**」では、酸素濃度を高めるために空気の圧力を20倍程度に圧縮します。
次に「**燃焼室**」で、圧縮空気と混合された燃料を燃焼させます。
そして高温・高圧となった燃焼ガスを「**タービン**」に導くと、燃焼ガスが膨張してタービンに回転力を与えます。
その後、燃焼ガスは排出されていきます。

うむ。要するに、燃焼したガスのおかげで、ものすごーい勢いでぎゅんぎゅんとタービンが回るのだな！

要約しすぎだが、まあ、そういうことだな。

③ コンバインドサイクル発電（複合という意味だ！）

コンバインドサイクル発電の特徴は、発電に使った**熱を再利用**して、発電にもう一度使うということです。

はじめに**燃料のガス**を燃やします。燃焼ガスで**ガスタービン**を回して、発電します。次に、ガスタービンから出た高温の**排気ガスを再利用**して、高温・高圧の蒸気を作り、今後は**蒸気タービン**を回して、発電します。

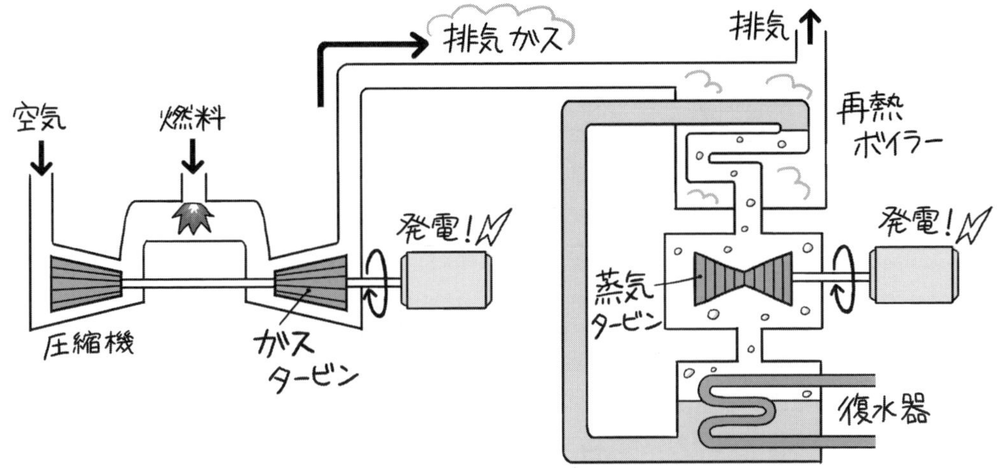

※上図は「ガスタービンの軸」と「蒸気タービンの軸」が別になった『**多軸型**』です。
　2つの軸を1つにまとめて、発電機を回すものを『**一軸型**』といいます。

ほほぉー。燃料のガスを燃やしただけなのに、**結果的には2つのタービンを回して発電**するのか！　無駄なく燃料やエネルギーを利用していて、効率よく発電できそうだ。

うんうん。同じ量の燃料を使用しても、他の火力発電より多くの電気を作れるらしいぞ。実にお得だな。

MEMO　火力発電所が、海の近くに多い理由

多くの火力発電所や原子力発電所は、海の近くにあります。
これは、**復水器の冷却水として「海水」を使用できるように**するためです。
また、火力発電に用いる化石燃料は、ほとんどが海外から船で運ばれてきます。
そういった面でも、発電所が海の近くにある方が都合が良いのです。

④ 内燃力発電（内燃機関が活躍するよ！）

内燃力発電では、**ディーゼルエンジン**や**ガスエンジン**などの**内燃機関**を利用します。燃料によって、内燃機関に回転力が生まれて、発電します。

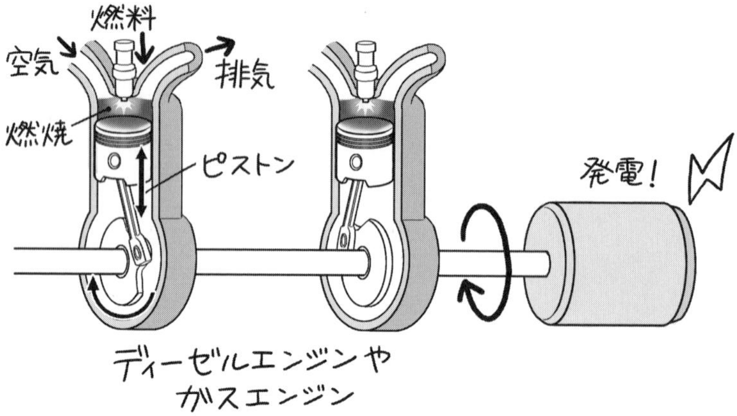

「**内燃《ないねん》機関**」や「**ディーゼルエンジン・ガスエンジン**」など、わからない言葉もあると思いますが、それらについては、この後すぐに説明します。
とりあえず**内燃力発電**は、**「小規模だが、短時間で始動できる火力発電」**と覚えてください。出力も、数十kWから1万kW程度までさまざまなんですよ。

内燃力発電は、ボイラーが不要なので、発電所の建設費用も抑えられるらしい。
離島で電気を作ったり、**ビルや工場の自家発電や非常用電源**としても使用されているらしいな。

ふーむふむ。さて、これで「火力発電の4つの種類」をすべて学んだわけだ。
蒸気、ガス、複合、エンジン…。それぞれ特徴があったな！

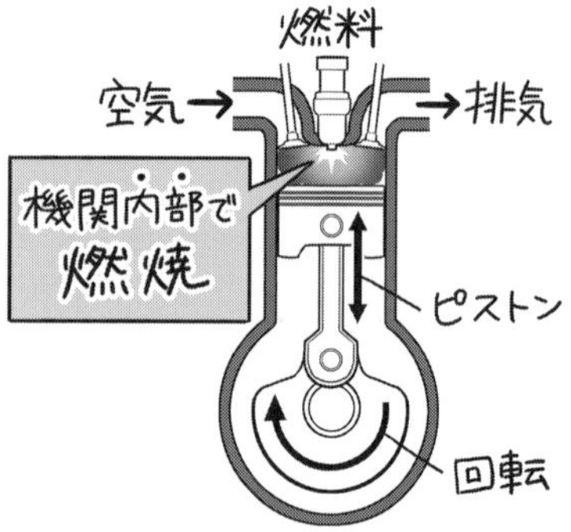

MEMO　内燃機関とは？

『**内燃機関**』とは、左図のように機関**内部**で燃料を燃焼させて動く機械のことです。
内燃機関に対して『**外燃機関**』というものもあります。
外燃機関は、ボイラーなどの機関**外部**で燃料を燃焼させます。
例えば、さっき出てきた蒸気タービンも、外燃機関の代表的なものです。

ディーゼルエンジン・ガスエンジン、コージェネレーション、マイクロガスタービン、燃料電池

何かを学べば、それに関連することも知りたくなりますよね？
というか、知ってください！　まずは先程『④**内燃力発電**』で登場した
ディーゼルエンジン、ガスエンジンについてお話しします。

『**ディーゼルエンジン・ガスエンジン**』は、熱効率が高く小規模発電に重宝されています。動作の様子は、下図の通りです。この一連の動作により、ピストンの上下振動が得られ、クランクに伝達されて**回転力が生み出されています**。それにより発電機が回転します。

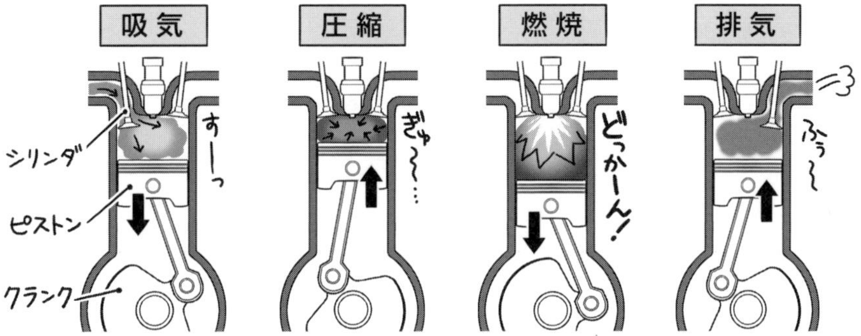

① **吸気**：燃料ガスと空気を混ぜたガスを、シリンダ内の燃焼室に充填する。
② **圧縮**：ピストンによりこのガスを圧縮しながら，電気火花で点火する。
③ **燃焼**：ガスの燃焼が始まり、膨張することでピストンが押し出される。
④ **排気**：ピストンにより、燃焼ガスはシリンダから排出される。

さて、話は変わりますが、『**コージェネレーション**』をご存知ですか？
コージェネーションには、今学んだディーゼルエンジンやガスエンジン
が利用されています！　この機会に知っておきましょう。

『**コージェネレーション**』とは、発電と同時に発生した排熱を回収し、給湯や冷暖房などに使用するシステムのことです。これにより、総合エネルギー効率（電気エネルギーと熱エネルギー）は70～80%になり、省エネルギー・省コスト・CO_2排出量削減をはかることができます。

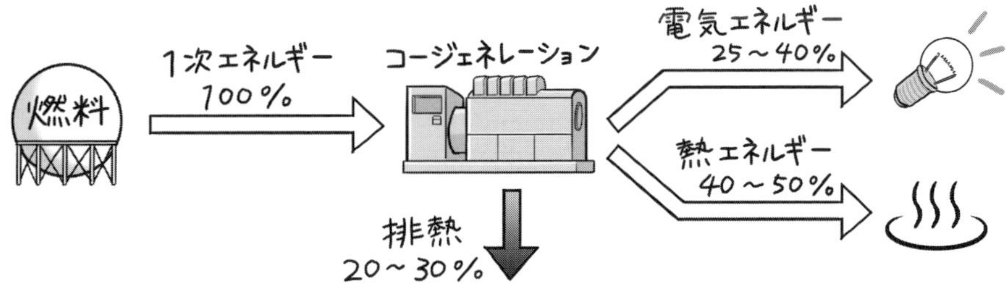

コージェネレーションは産業・業務用が主でした。
しかし最近では、小規模のマイクロコージェネレーションが普及してきています。
マイクロコージェネレーションでは、主に「**マイクロガスタービン**」「**マイクロガスエンジン**」「**燃料電池**」が利用されています。

じゃーん！　新たなキーワードが出てきましたね。
それでは最後に、『**マイクロガスタービン**』と『**燃料電池**』について
ご紹介しましょう。どちらも**小規模な発電**に向いています。

『**マイクロガスタービン**』は、燃料として都市ガスや灯油を使い、小規模（概ね200kW以下）の発電システムを構成する小型のガスタービンのことです。
圧縮機で空気を圧縮した後、燃焼器でその圧縮空気を使って燃料を燃やします。
そして、燃焼時に発生した高温・高圧の燃焼ガスで**ガスタービン**を回し、発電します。

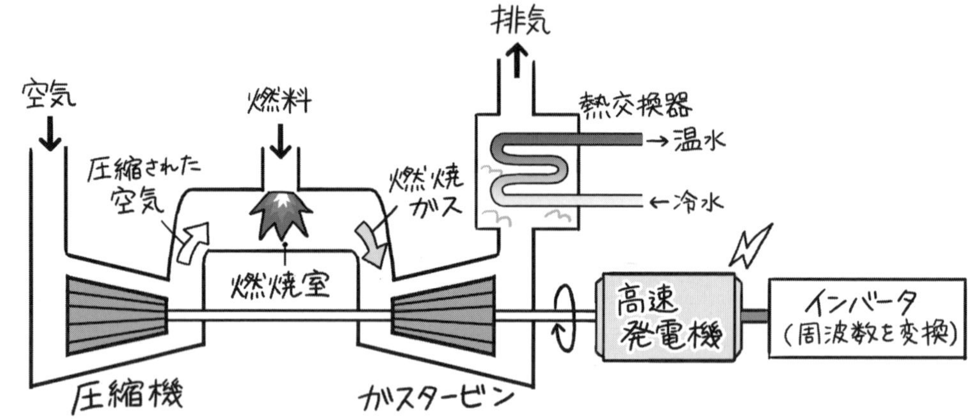

『**燃料電池**』は、**「水の電気分解」と逆の原理で発電**する発電装置のことです。
水素と酸素による電気化学反応で水が生成される過程で、電気を取り出しています。
燃料電池は、小規模でも発電効率が高く、排ガス・騒音なども出さず環境面でも優れている点から「**次世代の発電システム**」として期待されています。

燃料電池の化学反応	
H_2(水素)$+\frac{1}{2}O_2$(酸素)$\rightarrow H_2O$(水)+電気	
プラス極 (空気極)	$\frac{1}{2}O_2+2H^++2e^- \rightarrow H_2O$
マイナス極 (燃料極)	$H_2 \rightarrow 2H^++2e^-$

e^-は電子です。

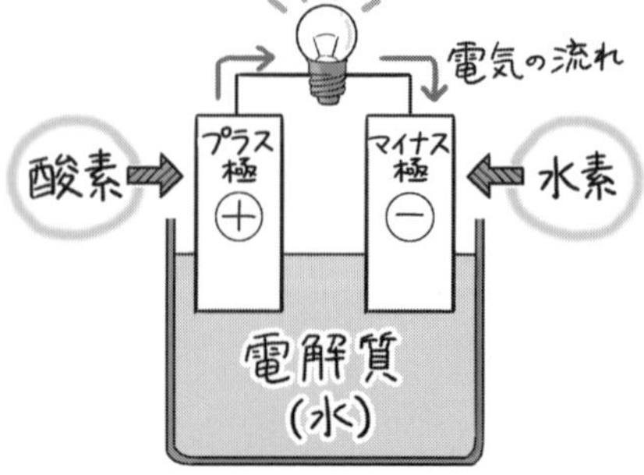

火力発電の役割

さて突然ですが！
皆さんは**日負荷曲線**をご存知ですか？（P.21参照）
ああ
それなら知ってる
そうですか！
日負荷曲線の通り、電力需要は**季節や時間帯**によって変化しています
火力発電は、その**電力需要の変化に対応しつつ発電**しているんです
ひーくん
ふぅ〜
大変ですねぇいやはや
え？
でも急な電力需要のときに活躍するのは水力発電だって…（P.54参照）
たっ確かに水力発電はこのように素早い対応が得意ですが……
発電を開始するまでの時間
水力
3〜10分
程度
火力
原子力
数時間
以上

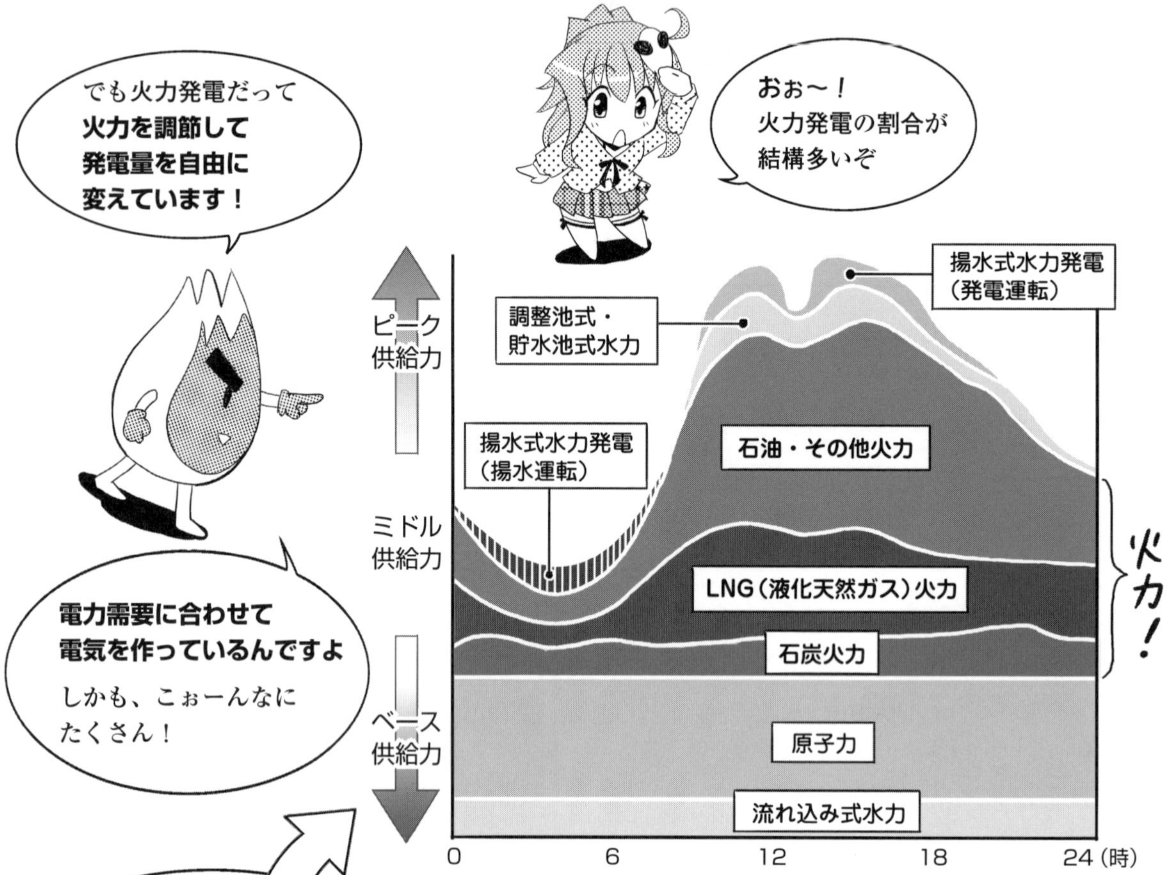
おぉ～！
火力発電の割合が
結構多いぞ
でも火力発電だって
火力を調節して
発電量を自由に
変えています！
電力需要に合わせて
電気を作っているんですよ
しかも、こぉーんなに
たくさん！
ピーク
供給力
ミドル
供給力
ベース
供給力
揚水式水力発電
（発電運転）
調整池式・
貯水池式水力
揚水式水力発電
（揚水運転）
石油・その他火力
LNG（液化天然ガス）火力
石炭火力
原子力
流れ込み式水力
火力！
0
6
12
18
24（時）

＜時間別の供給力構成のグラフ（日負荷曲線）＞

このグラフは「ベース供給力」
「ミドル供給力」「ピーク供給力」
と3つに分けて見ると良いです
ベース供給力は、
大容量の電力を常に一定で
効率よく発電します
そのぶん稼働の停止・開始に
時間がかかり、電力の調節
には向いてません
ピーク供給力は、
最大発電量は少ないですが
電力需要に合わせて
臨機応変に発電量を調整しています
そして**ミドル供給力**は
両者の中間的な役割です
火力発電は
このミドル供給力に
属して活躍しています！！
それにしても
同じ火力発電でも
燃料によって
グラフは別なんだな

はい
燃料によって
供給力の役割が
若干変わるのです
比較的
低コスト
石炭火力は
低コストなので
フル稼働で発電！
ベース供給力に近い
石炭
逆に石油火力は
コストが高くつくため
電力がたくさん必要になる
時間に合わせて発電！
ピーク供給力に近い
コスト
高っ！
石油
まぁまぁ
中間…
LNG
（液化天然ガス）
そして
LNG（液化天然ガス）火力は
この中間の役割です
こんな感じに
燃料によって役割を変えられる
これもまた
火力発電の特徴なのです！
なるほどー
奥が深いな
火力発電
そして環境問題などから
再生可能エネルギーなどが
注目されている今でも！
いまだに日本での火力発電が
占める役割は大きい！！
CO_2 排出量削減と
さらなる発電効率の改善を
目指しつつ！ そうこれからも
日本の電力を支えていくのは！
火！力！発！電！
なんかスイッチ
入ってるな…
熱いヤツだな～

廃棄物発電、バイオマス発電、地熱発電

CHECK!

さて最後に、**燃焼や熱**に関係のある新しい発電方法３つを紹介します。
『**廃棄物発電**』と『**バイオマス発電**』は、リサイクルエネルギー、
『**地熱発電**』は、自然エネルギーを活用しているみたいですね。
僕も結構……いや、かなり気になってます！

『**廃棄物発電**』は、**ごみを燃やす際の熱を利用した発電**です。
家庭から出る可燃ごみを焼却する際の熱で、高温高圧の蒸気を作り、その蒸気によってタービンを回して発電します。
元々は捨てていたエネルギーを再利用するので、資源の有効活用にもつながります。

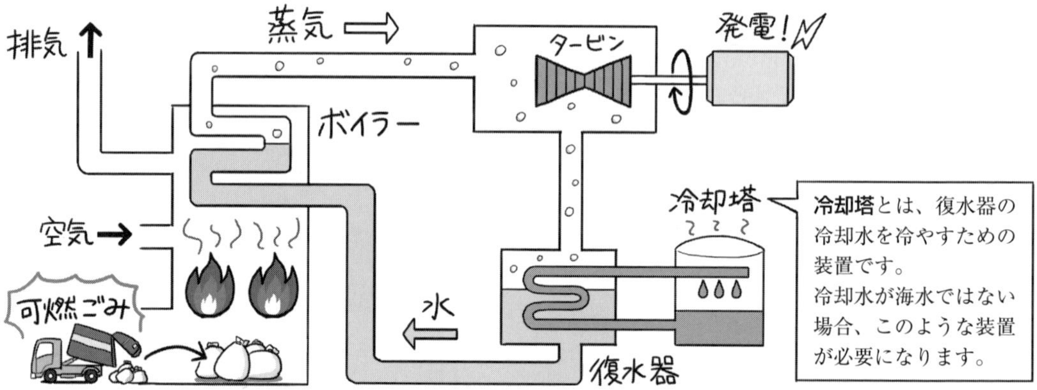
排気
蒸気
タービン
発電！
ボイラー
空気
可燃ごみ
水
冷却塔
復水器
冷却塔とは、復水器の冷却水を冷やすための装置です。
冷却水が海水ではない場合、このような装置が必要になります。

『**バイオマス発電**』は、**生物体（バイオマス）を利用する発電**です。
植物などのエネルギー源として利用できる生物体を燃料として、燃焼により発電します。
具体的には、木材の木くずで作った固形燃料、畜産廃棄物から作った気体燃料（メタンガス）、サトウキビの絞りかすから作った液体燃料（エタノール）などを、燃料とします。

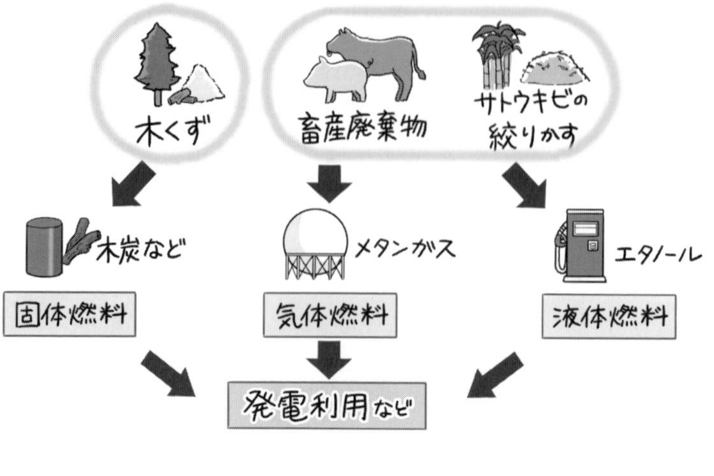
木くず
畜産廃棄物
サトウキビの
絞りかす
木炭など
メタンガス
エタノール
固体燃料
気体燃料
液体燃料
発電利用など

火山の地下深部には**マグマ**が存在していて、膨大なエネルギーが眠っています。
『**地熱発電**』は、この**エネルギーの一部を蒸気として取り出し、利用する発電**です。
地下からの蒸気で、タービンを回して発電します。
地熱発電は、火山が多い日本の特徴を活かせる発電方法といえます。

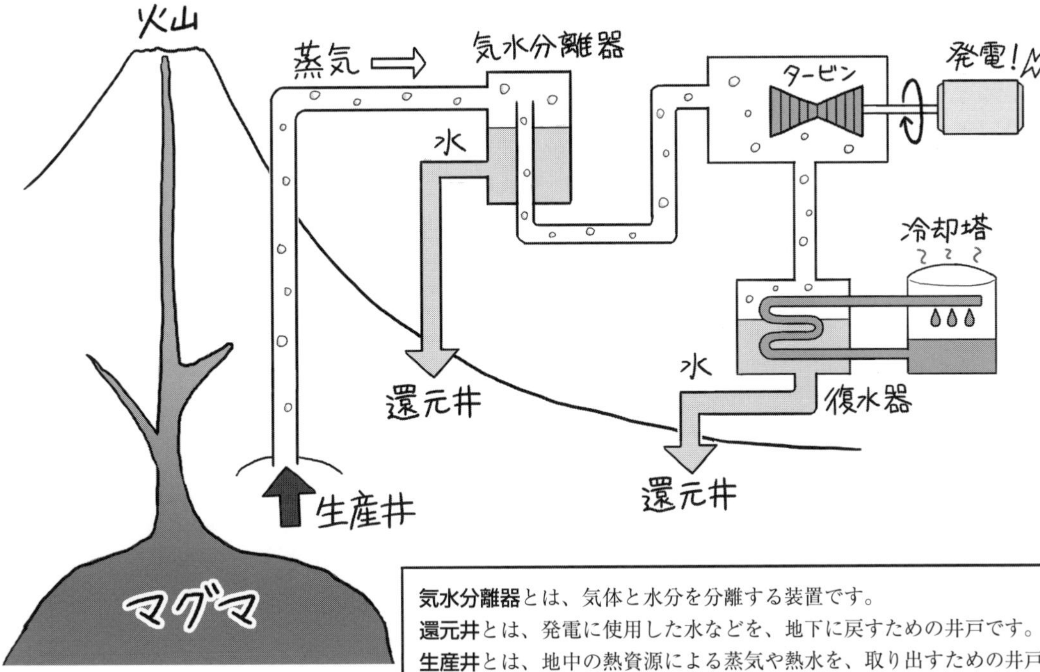

気水分離器とは、気体と水分を分離する装置です。
還元井とは、発電に使用した水などを、地下に戻すための井戸です。
生産井とは、地中の熱資源による蒸気や熱水を、取り出すための井戸です。

MEMO 「水主火従」から「火主水従」へ

さて、ここまでで私たちは水力発電と火力発電を学んできました。
この２つの発電に関する言葉として、『**水主火従**《すいしゅかじゅう》』と『**火主水従**《かしゅすいじゅう》』があります。

昔の日本では「**水力発電が主であり、火力発電（燃料は石炭中心）は、補助的な存在**」でした。その時代のことを『水主火従時代』といいます。
しかしその後、火力発電技術の向上や使用燃料の変化により、状況は変わりました。
「**火力発電が主であり、水力発電は補助的な存在**」となったのです。
これを『火主水従時代』といいます。

そして現代は、「原子力発電・火力発電・水力発電」を最適なバランスで組み合わせる**ベストミックスの時代**ともいえます。
時代とともに、**電源（電気エネルギーの供給源）の構成**も、変化し続けているのです。

4 原子力発電

さあ 締めくくりは 私と一緒に 原子力発電を 学ぶのです！
ゲンさん
………
〜〜〜〜〜〜〜！！
どうしたのユユモ さっきから変な顔して
だって…… だってだぞ
3人も出てきて！ どれが一番可愛いのか 私には答えが出せない！！
ドドド
なんという残酷な…… 一人を選ぶなど私には！
あぁコイツもかわいい！ お前たち私の星に 一緒に来ないかー！！
どんっ
ああ 気にせず授業 進めちゃってください マジで

原子力発電とは

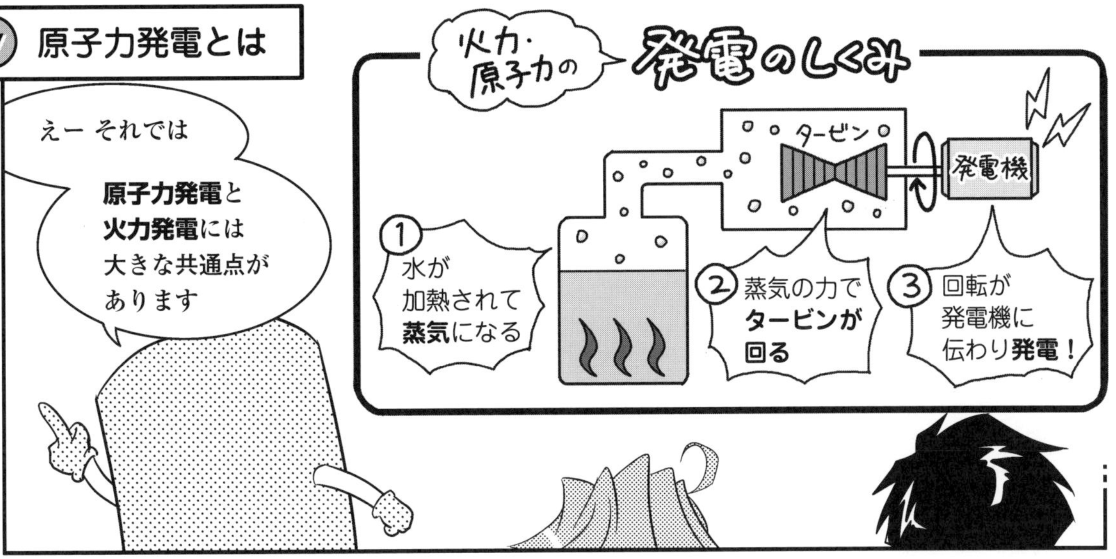

えー それでは
原子力発電と
火力発電には
大きな共通点が
あります
火力・原子力の
発電のしくみ
タービン
発電機
1 水が加熱されて**蒸気**になる
2 蒸気の力で**タービンが回る**
3 回転が発電機に伝わり**発電！**

どちらも
水を加熱して蒸気にして、
その蒸気によってタービンを
回しているのです
つまり違いは
……水を加熱する方法か
ふーむ

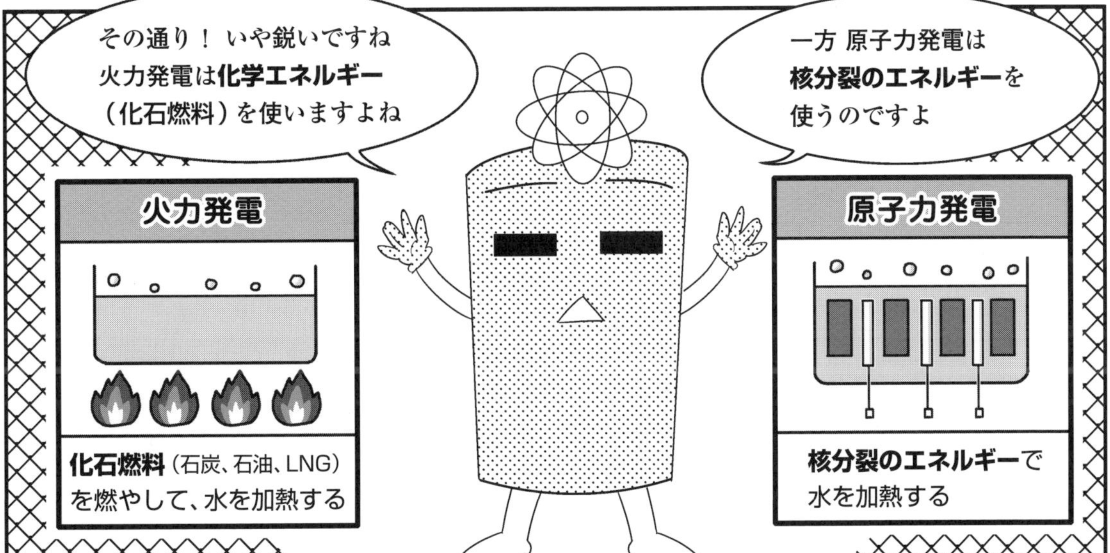

その通り！ いや鋭いですね
火力発電は**化学エネルギー**
（化石燃料）を使いますよね
一方 原子力発電は
核分裂のエネルギーを
使うのですよ
火力発電
化石燃料（石炭、石油、LNG）
を燃やして、水を加熱する
原子力発電
核分裂のエネルギーで
水を加熱する

核分裂…？
何やらまた難しそうな
はっはっは
それについてはこの後じっくり
説明いたしますので
また、原子力発電は
発電コストが他の発電方式に比べて
安いと言われており
money
発電時に
二酸化炭素を排出しないことなどが
メリットと考えられてきました
CO_2
しかし……
む！？
しかし同時に
並外れた危険性もあり
日本では、2011年の
原子力発電所での事故を
受けて、その在り方が
見直されている…
って感じだよな
むむむ…
それもまた
難しそうな問題だな…

核分裂のしくみ

ところで
私の頭にあるコレ
なんだかわかりますか？
原子のモデルだよ！！
こういうの！
当然わかる！
オシャレ飾りは宇宙共通！
私の髪飾りには
負けるがな！

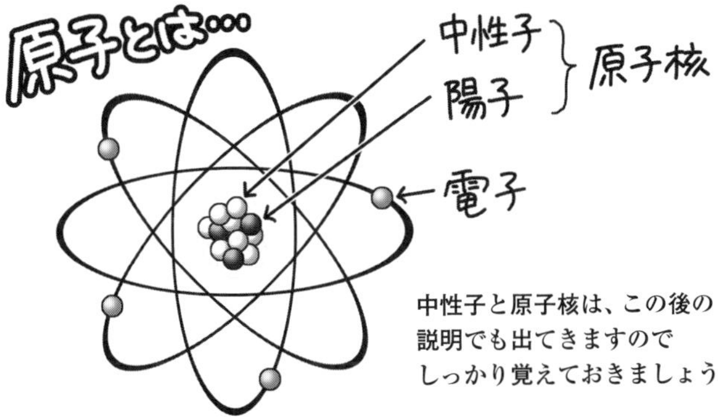
原子とは…
中性子
陽子
原子核
電子

中性子と原子核は、この後の
説明でも出てきますので
しっかり覚えておきましょう。

すべての物質は、**原子**という
小さな粒からできています。

原子は中心に**原子核**があり、
その周りにいくつかの
電子があります。

原子核は「陽子と**中性子**」が
くっついて、できています。

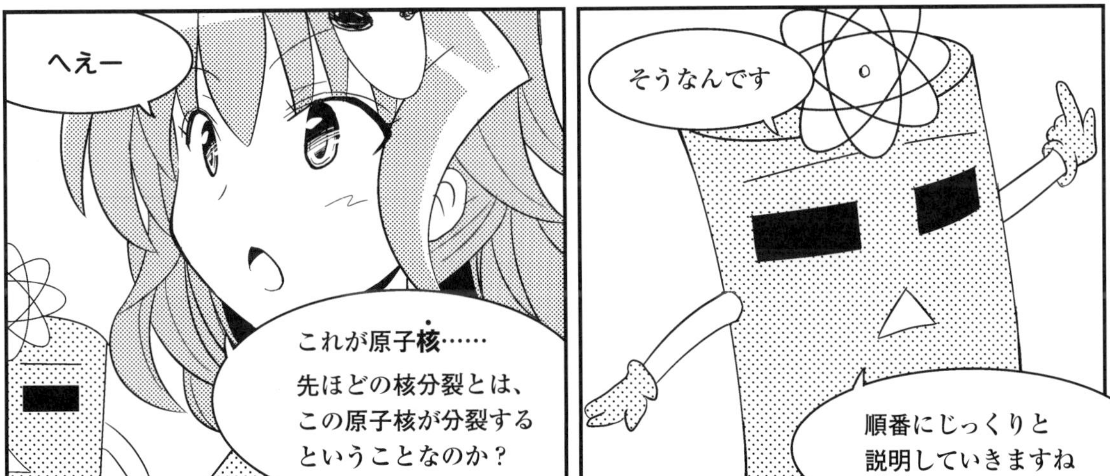
へえー
これが原子核……
先ほどの核分裂とは、
この原子核が分裂する
ということなのか？
そうなんです
順番にじっくりと
説明していきますね

まず鉱山から採れる天然ウランは、
約 0.7%の**ウラン235**と
約 99.3%の**ウラン238**から
できています
原子力に必要なのは
ウラン235です！
約
0.7%
235
約
99.3%
238
T_T
ちょっとだけの方じゃないか
なんでそっちが必要なのだ？
ああ ウラン235は
核分裂しやすいんだよ
ホイホイ
核分裂するよー
235
ん〜…
まあ、ねえ…
238
T T
一方 ウラン238は
核分裂しにくい
さて、そのウラン235に
外部から**中性子**を当てると…
ウラン235の**原子核が分裂**して
熱エネルギーと 2〜3 個の
中性子を放出します
下図のような
イメージですね
＜**核分裂**のイメージ＞
私は
ウラン235！
中性子
だぞー！
ウランと
中性子の
出会い！
およよよ…
分裂！
中性子2〜3個
も飛び出す！
熱エネルギー
を放出！
これが**核分裂**と
いうものなのか

そしてここからがポイントです！
原子力発電では、天然ウランから**ウラン235**を取り出して少しだけ**純度を高めた**濃縮ウランを燃料として使っています
ウランを焼き固めたものを**「ペレット」**といい、これが燃料となります。P.85で解説します。
燃料（ペレット）
ウラン235 3%～5%
235
天然ウランでは、約0.7%だった。
ですので、いったん核反応を起こすと、純度が高いために中で作られた**中性子が外へ逃げ出せず…**
中性子だよー！
別のウラン235
分裂したウラン235
次々と**連鎖反応**を起こすのです
飛び出した中性子が、次々に**別のウラン235**にぶつかっていく！
なるほど…こんな感じで**連鎖的な核分裂**を起こし、膨大な熱エネルギー※を生み出しているのかぁ
ちなみに、核分裂の連鎖反応が一定の割合で継続している状態を「**臨界《りんかい》**」というんですよ

※1gのウラン235をすべて核分裂させると、約**2000万kcalのエネルギー**となります。

原子炉ってなんだろう？

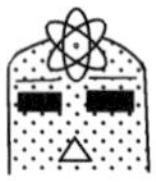

それでは、原子力発電の心臓部である『**原子炉**』についてお話ししましょう。
原子炉とは、**核分裂反応を維持させて、エネルギーを取り出すための装置**です。

原子炉の中で、核分裂反応が起きてるんだな。
そして**核分裂のエネルギー**で水を加熱して、**蒸気**を発生させている…と。

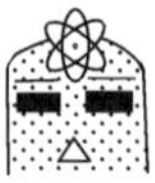

そうなんです。日本で使われている発電用原子炉は『**軽水《けいすい》炉《ろ》**』というものですが、軽水炉には、２種類があります。
「**沸騰水型原子炉**」は、炉心というところで、蒸気を発生させています。
一方の「**加圧水型原子炉**」は、炉心で発生した高温・高圧の蒸気を、蒸気発生器に送って、別系統を流れる水を蒸気にするのです。

ここでは「沸騰水型原子炉」を例に挙げて、図をご紹介しますね。

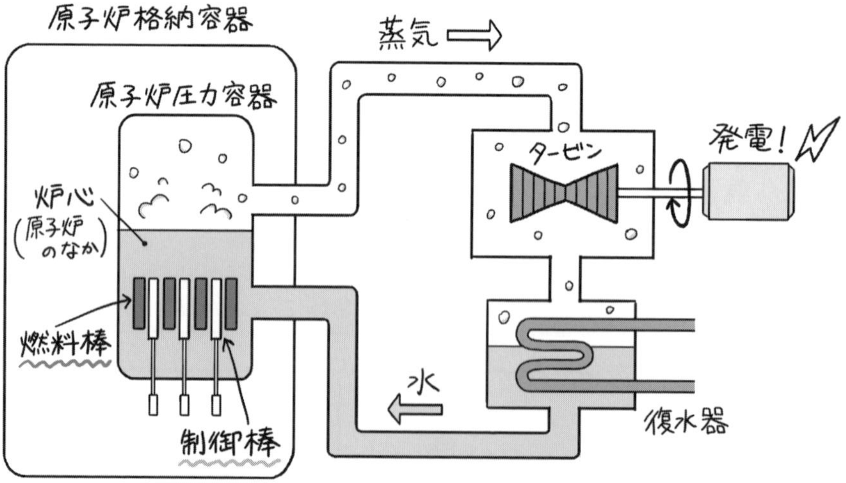

原子力発電のしくみ

ふむ。確かに**炉心で蒸気が作られている**な。だが、わからない単語もあるぞ。
燃料棒とか、**制御棒**とか…。棒がそんなに大事なのか？

いやいや、大事です！　ものすっごーく大事です。これらの棒は原子力発電の要ともいうべき存在なんですよ。次でじっくりお話します。

燃料棒、制御棒

『**燃料棒**』とは、その名の通り、**燃料となる棒**のことです。
燃料棒は「**ペレット**」というものを詰めて作られています。

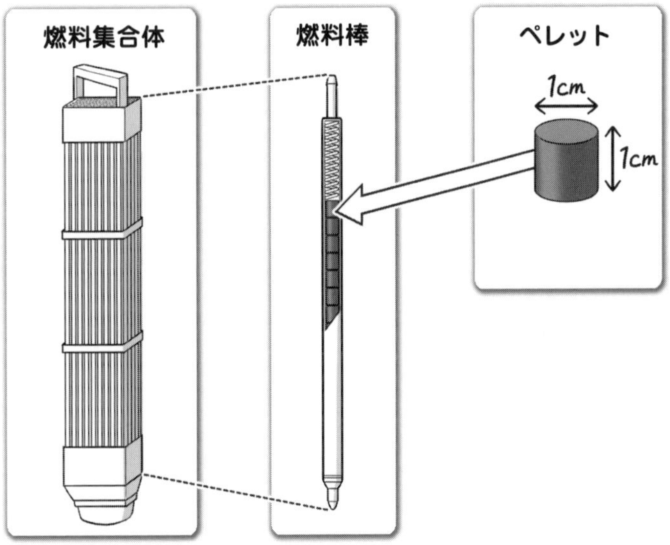

で、そのペレットとは、**ウランを焼き固めたもの**なんです。
ペレット１個の大きさは縦横１センチ程度なのですが、これ１個で、一般家庭の約８ヶ月分※の電力量に相当するとされています。

※１家庭の１ヶ月の使用電力量を 300kWh として算出。

ほおー、小指の指先ぐらいの大きさで、そんなエネルギーになるのか…。

そして、燃料棒を束ねたものが「**燃料集合体**」だな。
これが原子炉の圧力容器内に、並んでいるというわけか。

ふむ。確かに燃料がないと、発電も始められないからな。
燃料棒が大事ということはわかった。
…だが、『**制御棒**』とはなんなのだ！？
燃料があるのなら、核分裂はできるだろう？　他に何もいらないのではないか？

いえ。確かに燃料があれば、核分裂はできますが…。
それだけではダメなのです！

原子力発電では、**連鎖反応の進行を制御**しなければなりません。
言い換えると、**「核分裂が一定のペースで継続するよう、コントロールしなければならない」**のです。
そのための方法が、**中性子の量を調整する**ということです。

あっ、その役割を果たすのが**制御棒**ってわけか。
名前、そのまんまだな…。

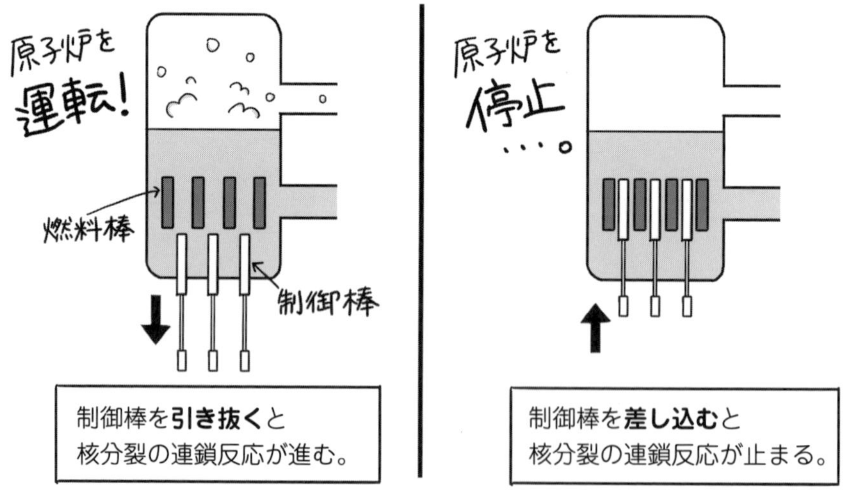
原子炉を運転！
燃料棒
制御棒
制御棒を**引き抜く**と
核分裂の連鎖反応が進む。
原子炉を停止…。
制御棒を**差し込む**と
核分裂の連鎖反応が止まる。

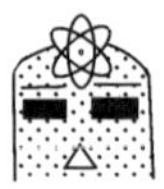

上図をご覧ください。
制御棒は、**中性子をよく吸収する物質**でできた棒状の装置なんです。
この**制御棒を出し入れする**ことで、中性子の量を調整しているのですよ。

なーるほど。ようやく納得したぞ。
燃料棒が燃料となり、制御棒でコントロールする…と。
確かにどちらの棒も、大事で欠かせないものだな！

減速材、冷却材

water

日本の発電用原子炉は「**軽水炉**」だとお話しましたよね（P.84参照）。
そもそも軽水炉とは、『**冷却材（冷却水ともいう）**』と『**減速材**』に、**軽水**《けいすい》を使う原子炉のことなのです。軽水とは、ごく**普通の水**のことですよ。

んん？ **冷却材**とな…？
以前、復水器を学んだときに（P.66参照）、蒸気を冷やして水にするための冷却水が出てきたが、それはまた違うのか？

あ…。ちょっとややこしいのですが、復水器の冷却水とは、働きが異なります。
原子力発電の**冷却材**は、**核分裂により発生した熱エネルギーを受け取って、炉心から外部にエネルギーを運び出す働き**をしているのです。

つまり軽水炉では、**冷却材という名の軽水（普通の水）**が、**蒸気**になって熱エネルギーを運び出しているわけです。下図のイメージですね。

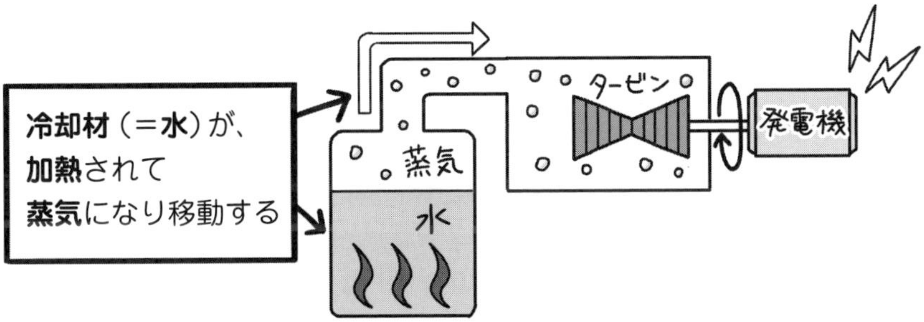
冷却材（＝水）が、
加熱されて
蒸気になり移動する
蒸気
水
タービン
発電機

冷却材という名前がついているけれど、冷却が一番の目的というわけではなく、**熱エネルギーを外部に運び出す**のが本来の目的なんだな。
まあ、その結果、冷却の役割も果たしているわけだが…。

そんなわけで、軽水炉における冷却材とは、結局は普通の水なのです。
ちなみに、軽水炉以外の他の種類の原子炉でしたら、冷却材も色々とあります。
例えば、空気、炭酸ガス、溶融金属ナトリウム、ヘリウム…などですね。

うむうむ。冷却材については完全に理解したぞ！
では、先ほど出てきたもう一つの言葉 ——「**減速材**」とは何なのだ？

核分裂の際に、中性子が飛び出すことはご説明しましたよね（P.82 参照）。
ただ、この中性子は非常に高速ですので、ウラン235の**原子核に吸収されやすい速度**に落とさなければいけません。
この**中性子の速度を落とす**役割があるのが、**減速材という名の軽水（普通の水）**なのですよ。

えーと…つまり下図のように、減速材（普通の水）があるかないかで、中性子と原子核の運命が変わってくるわけだな。

速度落ちたよ
235
減速材があると、原子核に吸収されやすい。
ビューーン！
235
ないと、吸収されにくい

はい。さっき、制御棒で核分裂反応をコントロールするお話をしましたが、この**減速材にも、制御の働きがある**のです。減速材によって、中性子の速度を変化させ、核分裂反応をコントロールするわけですから…。

ここでも単なる水が、重要な役割を果たしてるってわけか。
…むむぅ。それにしても、原子力発電とは不思議なものだな。
単なる普通の水が大活躍していたり、原理自体は火力発電と同じで、シンプルにも思えたり…。実に興味深かったぞ。

うんうん。ユユモも納得したところで、今日の授業は終わりだな。

いやー
よく頑張ったね
勉強お疲れさま！
あ、あのぉ～
その……だな
ん？
か 帰る前に
他の２人に
もう一度……
会いたいのだが
もじ…
呼んできては
もらえないだろうか
す。。。っ
ああ
それちょっと無理
１人３役で
やってるからさー……
ごめんね？

!!!??
あ、この人は
俺のいとこで片岡さん
ども
俺もこの人から
電気のことを教わって…
いやあ並木くんに
こんな可愛い彼女が
いたなんてなあ
驚いたよ
はじめまして片岡です
そんなんじゃないですよ
……ってユユモ？
ユユモ！？
おいユユモ――――！！？
私は最初から知っていたのだ
だが中の人のためにあえて
気づかないフリをしていた――
後にユユモはそう
述懐したという

フォローアップ

◆ 発電の割合

日本の「電源別の発電電力量の構成比」を下図に示します。

石炭、LNG（液化天然ガス）、石油などの**火力発電**が半分強を占めていますね。この燃料の大部分は、輸入に頼っていることは知っておくべきでしょう。2005年度は**原子力発電所**が増加して、30％程度を占めるようになりました。**水力発電所**は新規開発がほぼ終了しており、10％程度に落ちついています。

2011年度は東日本大震災に起因して原子力発電所停止が相次ぎ、発電量が減少していますが、これをカバーしているのが火力発電です。そのなかでも、**LNG火力発電**が大きく増加していることがわかります。LNG火力発電は、石炭・石油火力発電に比べて、効率面や環境面で優れています。

今後は**新エネルギーの増加**が期待されますが、このグラフの中で顕著な動きが見られるようになるには、まだまだ時間がかかるでしょう。

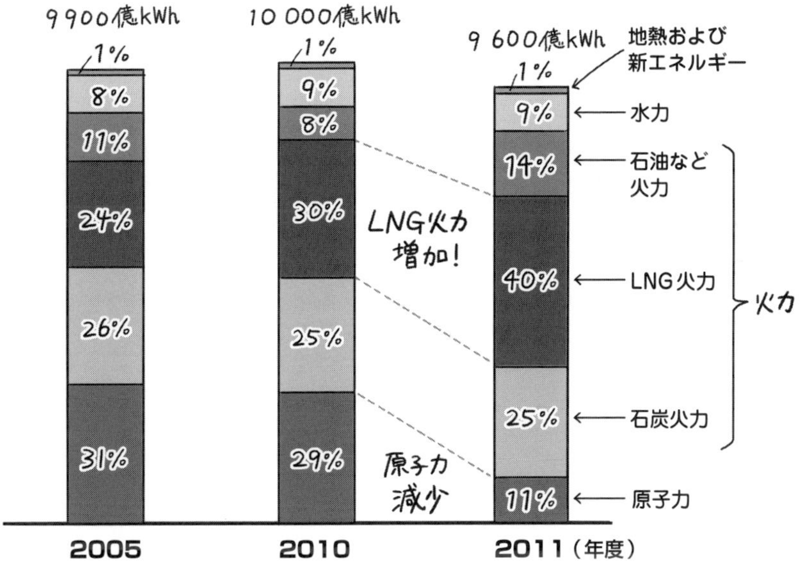

9900億kWh
1%
8%
11%
24%
26%
31%
10 000億kWh
1%
9%
8%
30%
25%
29%
9 600億kWh
1%
9%
14%
40%
25%
11%
LNG火力
増加！
原子力
減少
地熱および
新エネルギー
水力
石油など
火力
LNG火力
石炭火力
原子力
火力
2005
2010
2011（年度）

四捨五入してありますので、合計値が合わない場合もあります。

原子力　石炭　LNG　石油など　水力　地熱および新エネルギー

電源別の発電電力量の構成比

次に「国別の電源別発電電力量の構成比」の例を下図に示します。

国ごとに大きく違っているのが理解できるでしょう。これは、産出される化石燃料、地形や政策などが異なっているからです。

日本では、**さまざまな発電設備を組み合わせる『ベストミックス』**という考え方がベースとなっています。日本はエネルギー自給率が低く、また島国であることから、リスク分散の観点により**電源の多様化**が不可欠であるといえます。

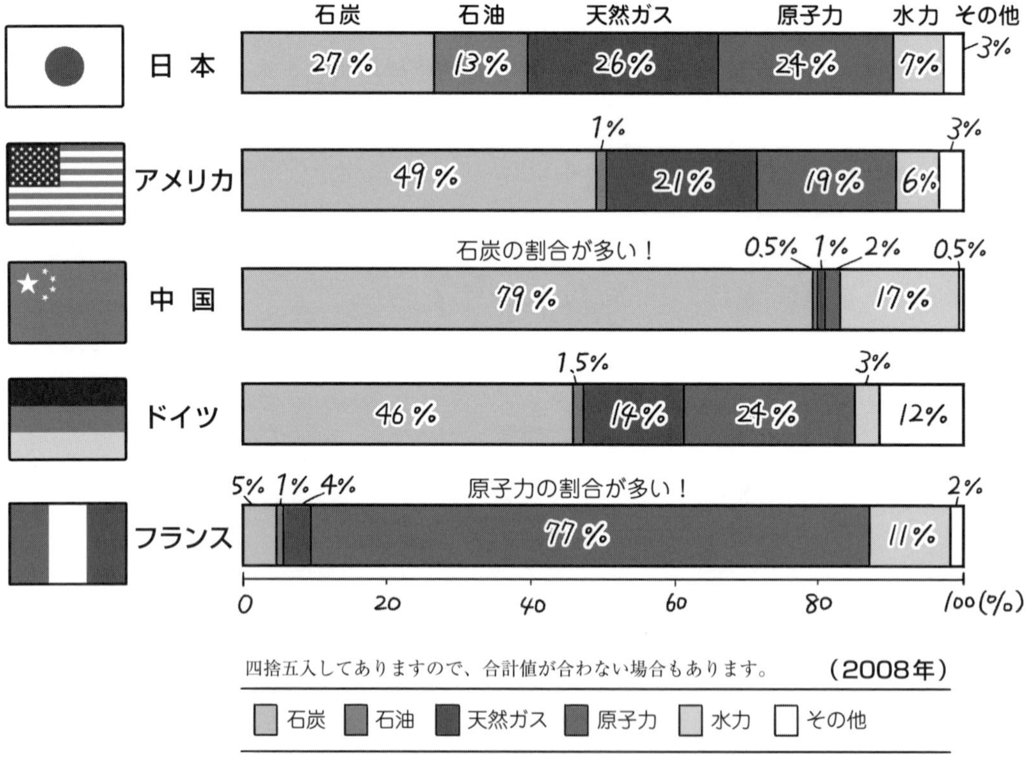

石炭
石油
天然ガス
原子力
水力
その他
日 本
27%
13%
26%
24%
7%
3%
アメリカ
1%
3%
49%
21%
19%
6%
中 国
石炭の割合が多い！
0.5%
1%
2%
0.5%
79%
17%
ドイツ
1.5%
3%
46%
14%
24%
12%
フランス
5%
1%
4%
原子力の割合が多い！
2%
77%
11%
0
20
40
60
80
100(%)
四捨五入してありますので、合計値が合わない場合もあります。
(2008年)
石炭
石油
天然ガス
原子力
水力
その他

国別の電源別発電電力量の構成比

第3章
送電

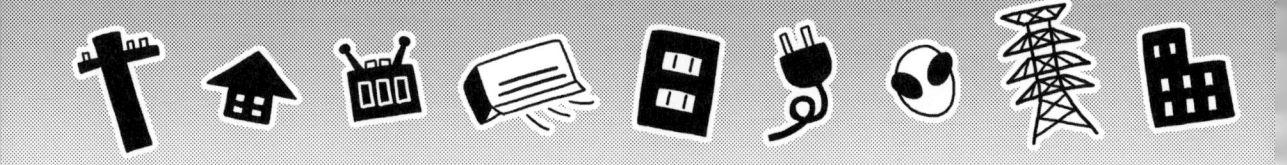

1　送変電方式

送電と変電

新鮮な空気！
鮮やかな緑！
小鳥たちの鳴き声！
チュン
チュン
チチチ…
いやー山はいい！自然は心洗われますなあ！
ぅ〜……いきなり山登りとかどういうつもりだ……
ゼーはー
せっかくの日曜だし
『**送電**』の勉強のためにもユユモに鉄塔を見せたくてね
それになにより街より山の方が…
鉄塔は大きい！

フフフ……
今日の鉄塔はどんな佇まいかな
ゴゴゴゴ
はーっ
はーっ
はーっ
快晴の中太陽を照り返す銀色の鉄骨……青く澄む空とコントラストを描き出す電線それらを覆い隠しつつも存在を際立たせる緑にそびえる山々その美しき調和は実に壮観であり自然と人工の融合と言えることだろうそして街中の風景に渾然一体と馴染む鉄塔とはまた趣の異なる味わいが何とも言えない感動を見る者の心に呼び起こし
なるほど
趣味か
そして勉強は
そのついでだな？
ま、まあそれは
さておき
休憩しつつ
勉強を始めよう
以前 **送電**と**変電**に
ついて説明したよね
（P.10とP.40参照）
『**送電**』は
発電所から
配電用変電所まで
電気を送ること
『**変電**』は
電圧を変換すること
だったな
その通り！
発電所から需要家に
届けられるまでに
電圧の大きさは
次のように
変化しているんだ

送電における**電圧の変化**の様子

電圧の数値は例です。この電圧でない場合もあります。
また、詳細は P.41 や P.120 に示してあります。

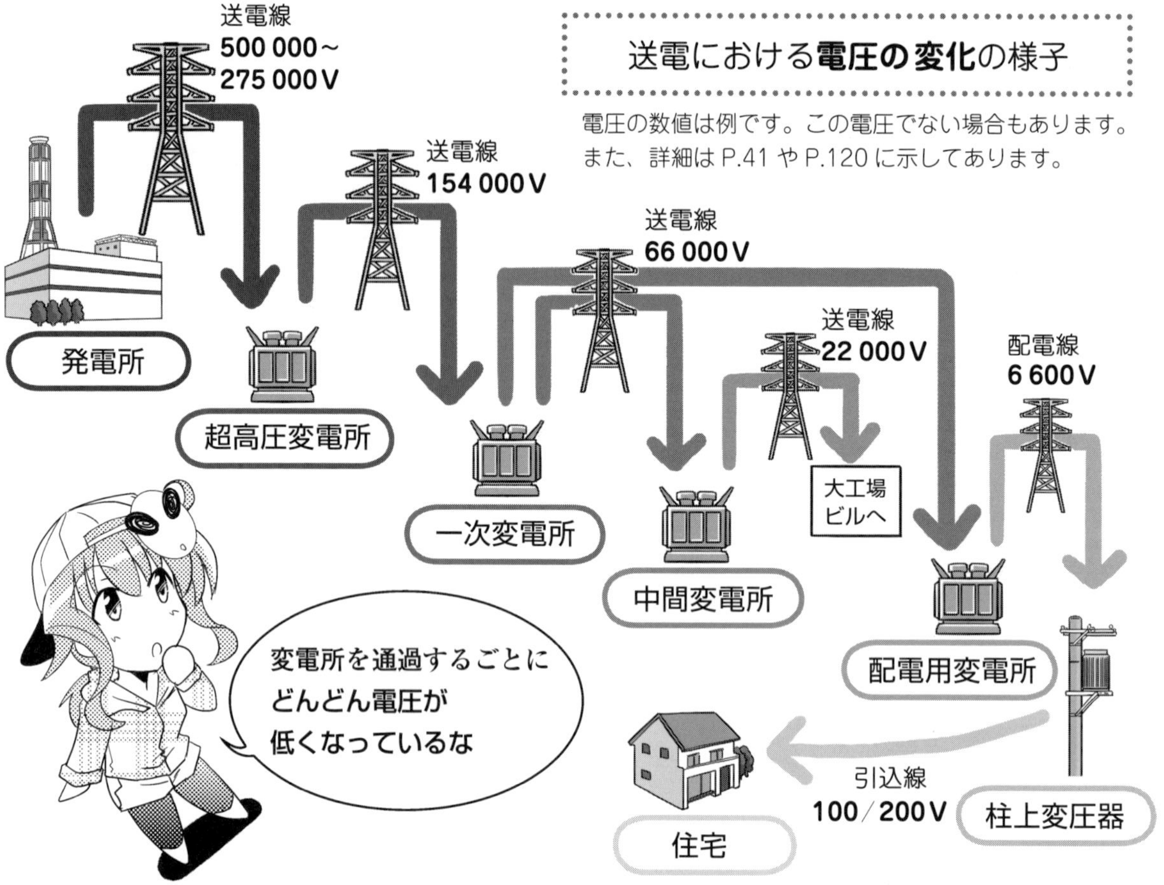

送電線
500 000～
275 000 V
送電線
154 000 V
送電線
66 000 V
送電線
22 000 V
配電線
6 600 V
発電所
超高圧変電所
一次変電所
中間変電所
大工場
ビルへ
配電用変電所
柱上変圧器
引込線
100／200 V
住宅
変電所を通過するごとに
どんどん電圧が
低くなっているな

ちなみに、最初に発電所で
作り出される電気は
23000 V や 12000 V
作られる電圧
23 000V
12 000V
高く！
送り出す電圧
500 000～
275 000V
発電所
それを
高い電圧にしてから
送り出しているんだ
ん？ なぜ高い電圧で
送らなければならんのだ？
途中でどんどん電圧を
下げていくのなら
最初から低いままでも…
いい質問だ
ではその理由について
説明していこうか

なぜ高い電圧で送るのか

なぜ、わざわざ高い電圧にして送電しているのか？
その疑問を解くために、まずは『**ジュール熱**』についてお話するね。
電流が送電線を流れると、電気抵抗により、**電気エネルギーの一部が、熱（ジュール熱）になってしまう**。
そして、この熱は**空気中に逃げていってしまう**んだ。

逃げるだと！　せっかくの電気エネルギーが無駄になってしまうではないか。

うん。これを、**送電ロス（送電損失）**とも言うんだよ。
で、下記のジュールの法則というものによると、発生する**ジュール熱は、電流の大きさの2乗に比例する**んだ。つまり…

ジュールの法則

発熱量〔J〕＝電流〔A〕^{2} × 抵抗〔Ω〕× 時間（秒）〔s〕

つまり、「**電流を小さくしてやれば、送電ロスが少なくなる**」というわけだな。

その通り！　**電力＝電圧×電流**だから、電流を小さくして同じ電力を送るためには、電圧を高くする必要がある。下の比較を見るとよくわかるよね。

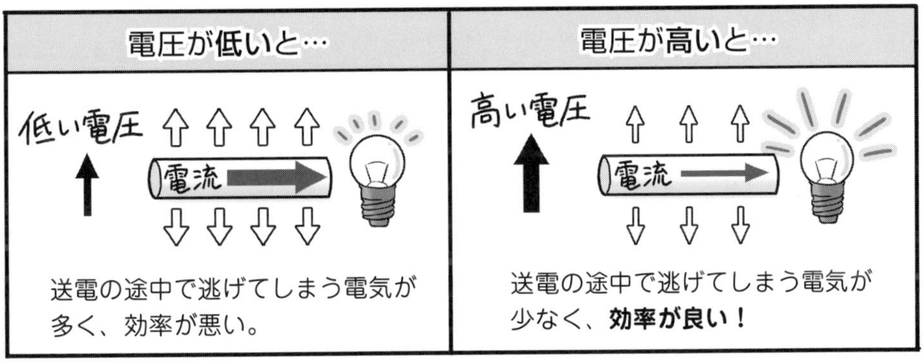
電圧が低いと…
低い電圧
電流
送電の途中で逃げてしまう電気が多く、効率が悪い。
電圧が高いと…
高い電圧
電流
送電の途中で逃げてしまう電気が少なく、効率が良い！

ふむふむ、納得だ。あんなに高い電圧で送っている理由は、**送電ロスを減らして送電の効率をあげるため**だったんだな。

架空送電

さて、送電には
空中を通る「架空《かくう》送電」と
空中を通る！
地中を通る！
地中を通る「地中送電」の
2つの方法がある
『架空送電』はよく見かけるな
街でも線路に沿って鉄塔があり
送電線が張られている
そうだね では
あの遠くの鉄塔を
見てみようか
架空送電には、
鉄塔と電線は
もちろん
架空地線
がいし
がいしで電線を
吊り支えている
電線
鉄塔
「がいし」と
「架空《かくう》地線《ちせん》」が
必要なんだ
？？
が…がいし？
がいしは、こんな形で
陶器製のものなんだ
碍子《がいし》
重たい電線を
吊り支える強度があって
劣化もしにくいんだよ

ここで覚えて欲しいのが、
電流を遮断するって意味の
『**絶縁《ぜつえん》**』って言葉だ
実は、がいしには
鉄塔にまで電気が流れて
しまわないように…
電線と鉄塔の間を
絶縁する働きがある！
なるほど
確かに鉄塔にまで
電気が流れていたら
すごく危険だもんな
架空地線については
斜めから見ると
わかりやすい
架空地線
1本の場合
2本の場合
こんなふうに鉄塔の
一番てっぺんを連結してる
1～2本の金属線で
電力を送るための
電流は流れていないんだ
では何のために
存在しているのだ？
架空地線は鉄塔の最上部で
他の電線に雷が落ちるのを
防いでいるんだ
なんという自己犠牲！
さすがだな架空地線！
うおおおお
ここから先には
行かせんぞぉぉ
おぉぉ!!
架空
架空うう――ッ!!
かっくうん!!

あと
架空送電線の構造は
こんな感じ
亜鉛めっき
鋼線
硬アルミ線
巻き方向が、各層で交互に変わっている！
「鋼心《こうしん》アルミより線」というものが
使われていて、強度があり軽量なんだ
ふむふむ
それにしても…
送電線は、数が多いな
見たところ
６本もあるではないか
送電線は３本の電線を
１回線として、
２回線の計６本が
張られていることが多い
万が一
片方の回線に
事故が発生しても——
3本で
1回線
3本で
1回線
隣の回線が
バックアップすることで
停電を防ぐのさ
ほー…
しっかり
考えられて
いるのだな
ちなみに架空送電の「架空」は
はーっ
はーっ
「空中に架け渡すこと」という意味
……妙にかっこよくね？
そうか？

地中送電

さてお次は
地中を通る『**地中送電**』
についてだ
まずこれは
とある市街地の様子
このように
発電所から都市までは
架空送電にして
架空送電
変電所
地中送電
変電所
地中にケーブル
が通っています
都市内部では**地中送電**を
採用する場合が多いんだ
なるほどな
鉄塔を立てる土地の
確保も大変だろうしな
しかし
地面の下も大変だろう
モグラとかメカモグラとか
怪獣モグラノドンとか
なにその
モグラフルコース！？
確かに地下には
色々なものがある
ガス管に
水道管や下水管…
電話線だってあるだろう
でも
大丈夫だよ
心配はない
次の図のように
地下もきちんと
整備されてる

地中送電線は「管路《かんろ》」や「洞道《とうどう》」というところに設置されてる
地中送電線が通る道路の断面図
管路引入れ式地中送電線
共同溝
電話線
ガス管
水道管
下水管
下水管など
ガス管または水道管
洞道式地中送電線
ほほーいろんなものが整然と地下に並んでいるぞ
また、地中送電線には電力ケーブルが用いられている
よく使われているのは工事や保守が容易な「CVケーブル」だね
CVケーブルの構造はこんな感じ電線（導体）を、架橋《かきょう》ポリエチレンというもので覆って絶縁してるんだ
（架橋ポリエチレン）絶縁体
色々な保護層
導体（電気を通しやすい物質）
ケーブルは絶縁が念入りに行われているようだな
地下の狭い空間で電気が漏れてしまうと大変だからな

あと
地中送電のメリットとして
地下にあるので
暴風雨や落雷などの
影響を受けにくい
そして景観の改善になる
などがあげられる
いや送電線のある景観を
俺は愛してるけどな！
だけど自分の主張を他人に
押し付けないのもまた
真実の愛！
あ、あと地中送電の
デメリットとして
建設費が割高になるな
一方、架空送電は
地上にあるので天候の影響を
受けやすい…ということか
一長一短だな
まあとにかくこれで！
架空送電と地中送電
両方がわかった
……で
並木お前は
架空送電と地中送電
どちらが好きなのだ？
それは難しい質問だ何しろ地中送電線は一般人ではめったに見る事が出来ないそれを考慮すると
やはり空を縦横無尽に駆け巡り気軽に写真を撮れる架空送電線の方が親しみがわくのだがしかし
安易にそうやって結論を出していいのか目に見えるものだけが正しいとそれでいいのかもう一度
よく考えてみるべきではないかそもそも今この瞬間に足元に送電線が走っているかもしれない可
能性が地中送電線にはあるそう例えるならば箱を開けてみないとわからないシュレディンガーの
猫の箱のようなものだ空を見上げるとそこには確かに架空送電線の在るか無いかが容易に判別で
きるが足元を見たところでわからないそしてそれは
つまるところ無限の可能性を
秘めて
……
ゴゴゴゴゴゴ
おーい並木
おなかすいたし
帰ってこーい

2　送電設備の事故対策

ところでさ
送電線などの
送電設備というのは…
ただ美しいだけでなく
事故対策もバッチリなんだ
せっかくだ
架空送電線などの
『**雷害**《らいがい》**対策**』『**着雪**《ちゃくせつ》**対策**』
『**塩害**《えんがい》**対策**』についても
学んでいこうか
雷……雪
……塩…か
地球には
塩の塊も降るのだったな……
いや
降らないし
塩害とは、海の近くで
塩分を含む潮風や雨により
被害を受けることだよ
!?

送電設備の雷害対策

まずは「**雷害**対策」か…。
雷害というが、雷が落ちると一体どんな害が起きるというのだ？

落雷があると、「直撃雷《らい》」といって**異常な高電圧が発生して、大電流が流れてしまう**。それから「誘導雷《らい》」といって電線の近くに雷があると、**異常な電圧が誘導されてしまう**。これらを『**雷サージ**』というんだ。
で、雷サージは、あまりに高電圧なので、**機器や設備を壊してしまう！**

雷サージによって
がいし表面に電流が流れてしまい
（**フラッシオーバー**）
がいしを破壊することがあります。

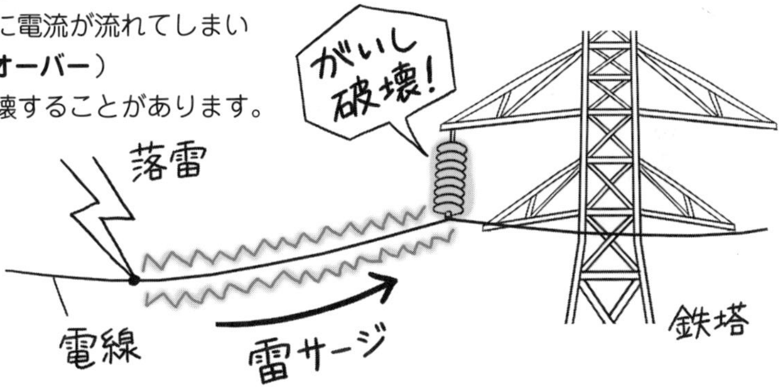

上図を見てくれ。例えば送電線に落雷があると、雷サージの大電流が、電線から鉄塔側に流れていく。
恐ろしいことに、このとき、**がいしは、熱で破壊されてしまうんだよ**…っ！

ががが、がいしぃ〜！　うぅ…なんたる悲劇……。
で、がいしが壊れると、どうなってしまうのだ？
確か…がいしは、「**電線と鉄塔の間を絶縁する**」役割があったはずだが…。

うむ。がいしに異常があると、送電線が鉄塔を通して大地と接続してしまう。
つまり、**送電している電気が、大地に流れていってしまう状態**になるんだ！
これは「**地絡**《ちらく》」という送電事故だね。

うわー。せっかくの大事な電気が地面にダダ漏れ！
つまり、がいしが破壊されると、送電できなくなり、修理が必要になるのか。

雷の恐さがわかったところで、いよいよ、**雷害対策を４つ**紹介していくね。
最初は『**① アークホーン**』だ。
雷サージによる破壊を防ぐため、がいしの両端にアークホーンという金属の枝を取り付けておく。これで電流がアークホーンの方を通り、**がいしに大電流が流れ込むことを避けられる**んだよ。

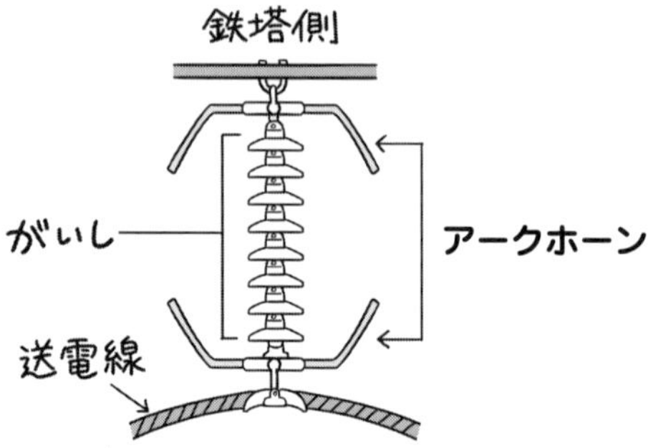

鉄塔側
がいし
アークホーン
送電線

ほほー。この金属の枝が、しっかりがいしを守ってくれるのか！

では次。雷サージは、がいしの他、変電所機器や設備をも壊してしまう。
それを予防するのに役立つのが、『**② 避雷器**』だ！
守りたい機器に取り付けておけば、**異常な電気エネルギーを大地に逃がしてくれる**んだ。避雷器は、主に電柱や鉄塔にもあるし、変電所の機器にも取り付けられているんだよ。

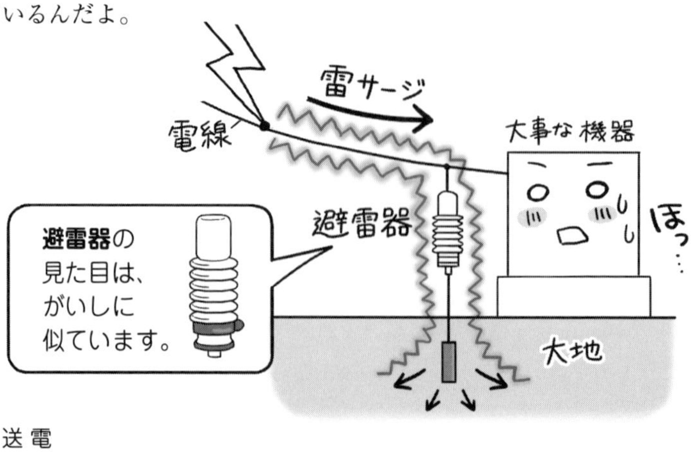

雷サージ
電線
大事な機器
避雷器
ほっ…
大地
避雷器の見た目は、がいしに似ています。

おおおー、頼れる避雷器！　色々な場所で避雷器は活躍しているのだな。

『③ 架空地線』は、すでに説明したよね（P.99参照）。
ただ、ここで大事な説明を付け加えていこう。
「③ 架空地線」も「② 避雷器」も、**必ず「接地《せっち》（アース）」しなければならない。**

せっち…アース…？　アースは…地球とか大地の意味だよな？

そう。実は、**接地**とは**「電気機器の外箱や、回路のとある部分」と「大地」とを、電線などでつないで接続しておく**ことなんだ。（接地は、P.138でも説明します）

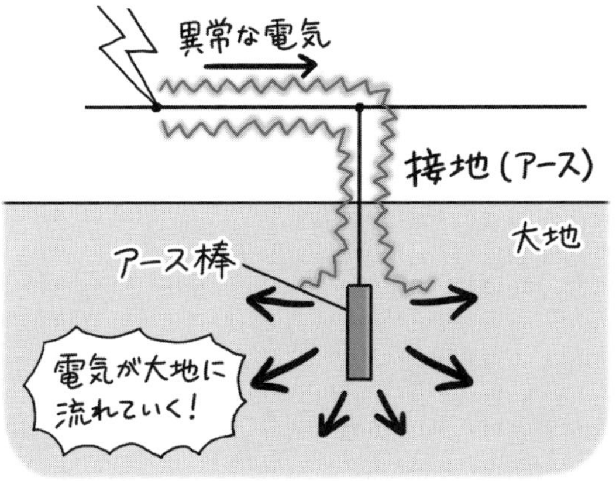

接地工事では、地中の奥に**「アース棒」**という金属棒を埋め込みます。
鉄塔そのものが、この役割を果たすこともあります。

上図を見て。このように、接地されていれば、**異常な電気を逃がす道が、あらかじめ確保されている**。感電防止もできて、いざというときも安心なんだよ。

で、対策の最後の**『④ 接地工事』**は、大地に電流を流れやすくするために、正しい接地工事をしようってこと。

ふむふむ。「避雷器」も「架空地線」も、正しく接地されていてこそ、効果を発揮するのだからな。

うん。その他にも「高圧系統の機器」や「変圧器」なども、接地工事が必要だね。
（**接地工事の種類**については、P.139で説明します）

「雷による異常な電気を逃がすためには、大地に頼る」ということだな。
よーし、雷害対策はすべてわかった。カミナリ直撃どんと来いだ！

送電設備の着雪対策

次は「**着雪**対策」か。
着雪とは、**雪が送電線にくっつく**ということだろうか？

そうだね。送電線に積もる雪は、最初は上部に薄く積もってるだけだ。
だけど、これが重さにより滑っていき、だんだんと成長していく…。
最終的には送電線の周囲を覆うほどの、雪や氷の固まりになるんだよ…！

虎視眈々と成長するユキ、恐るべし！
でもまぁ、気長に春の雪解けを待てばよいだろう。のんびりと…。

いやいや、豪雪地帯もあるんだし、雪をなめちゃあいけない。
着雪を放置すると、重みで電線が切れる…つまり**断線**してしまうこともある。
また、断線しないにしても、隣接する別の電線に接触して「**短絡**《たんらく》※」事故を起こすこともあるんだ。
※本来の経路ではない**短い経路で電気が接続**してしまい、ショートすること。

むむぅ…？　なぜ雪のせいで、他の電線に接触してしまうんだ？

着雪で重くなった電線に風があたると、ゆーらゆーらと共振して、電線が振り子のように**大きく揺れてしまう**んだ。これを『**ギャロッピング現象**』という。
また、着雪が落ちるときの反動で、電線が**跳ね上がる**『**スリートジャンプ現象**』もある。これらの現象によって、思わぬ接触や事故が起きてしまうんだよ。

なーるほど。電線が揺れたり跳ね上がったら大変そうだな。
ではでは、もったいぶらず、サクっと対策を教えるのだ。

はいよー。まずは『①難着雪《なんちゃくせつ》リング』だね。
電線に付いた雪は、斜めに回転しながら滑って行くんだ。このリングを使えば**斜め方向の移動を遮る**ことができて、雪が自然と落ちやすくなる。

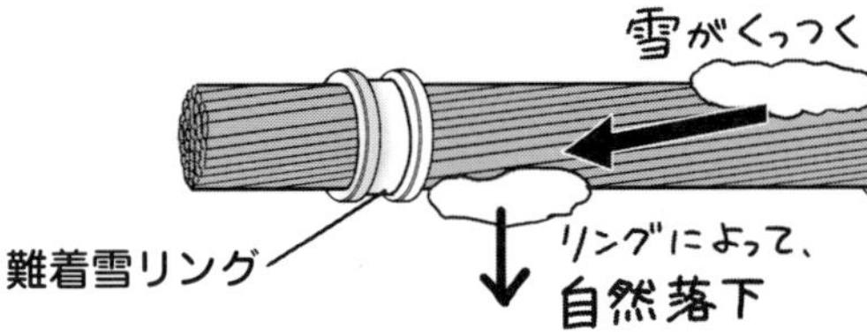
雪がくっつく
難着雪リング
リングによって、
自然落下

次は『②ねじれ防止ダンパ』だよ。
着雪があると、電線にもひねりが生じて、劣化の原因になってしまう。
電線におもりをつけて、**ひねり・ねじれが生じにくいようにする**んだ。

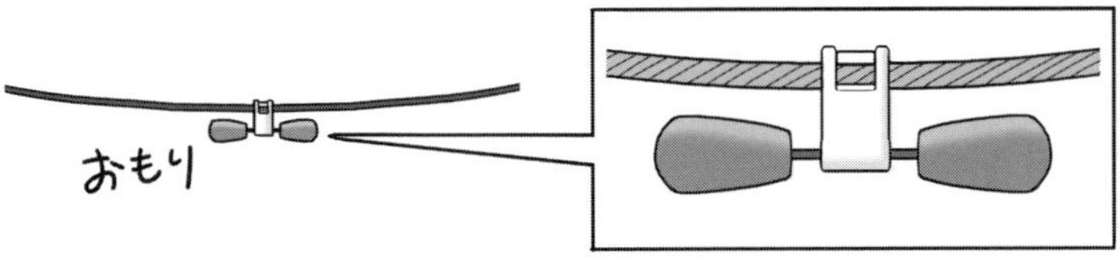
おもり

忘れちゃいけない『③スペーサ』
電線間にスペーサを挿入することで、**電線間の間隔を確保**できる。
これで、ギャロッピングやスリートジャンプの際の短絡を防止するんだよ。

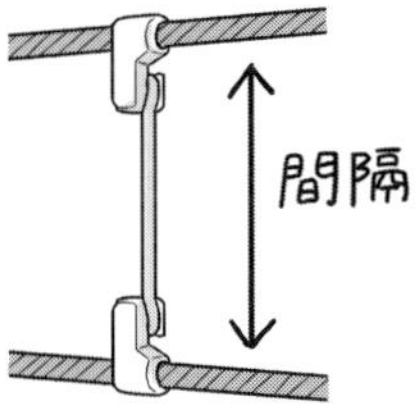
間隔

最後は『④融雪《ゆうせつ》スパイラル』
電線に巻いておくと、渦《うず》電流というものにより熱が発生して、**雪や氷を溶かす**ことができるんだ。優れものだよな。

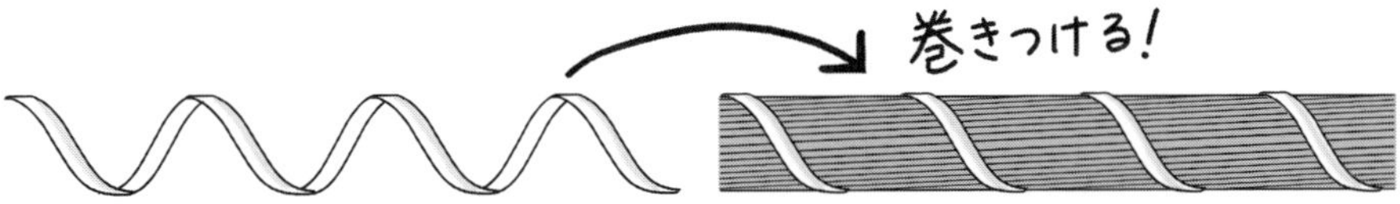
巻きつける!

おおぅ！ 雪だるまもびっくりの、4つの着雪対策だったな。

送電設備の塩害対策

最後は「**塩害**対策」だな。
海の近い場所に送電線や変電所を設置すると、塩分を含んだ雨風を受けることで、**設備が劣化しやすくなる**らしい。これを塩害とよぶのだったな。
知っている。知っているぞ…！

お、おう。
特に、塩分によって**がいしの「絶縁」性能が落ちてしまう**のが心配なんだよ。
塩はそのままでは電気を通さないけど、水に溶けると電気を通すからね。

ありゃ…。がいしの絶縁効果が薄れ、電気を通しやすくなると大変だな。
地絡などの送電事故も起こりうる。

そうだね。これから**5つの塩害対策**を紹介していくけど、最初の**3つ**は**がいしに関する対策**なんだ。
まず、**『① がいし絶縁の強化』**は、がいしそのものをパワーアップする方法！
がいしを増結したり、特殊な「**長幹《ちょうかん》がいし**」や「**耐塩《たいえん》がいし**」を使用することで、絶縁の強化をはかるというわけ。

ほう、がいしにも色々な種類があるということか。

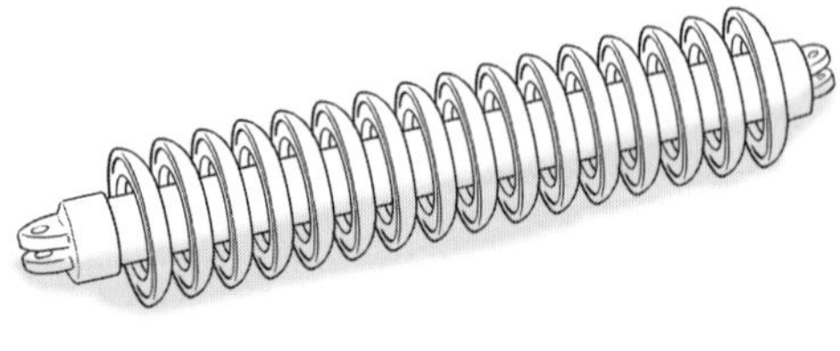

長幹がいし
中実（中が空洞ではなく詰まったもの）の笠付磁器棒の両端に、連結用の金具を接着している。
数本を連結して使用できる。

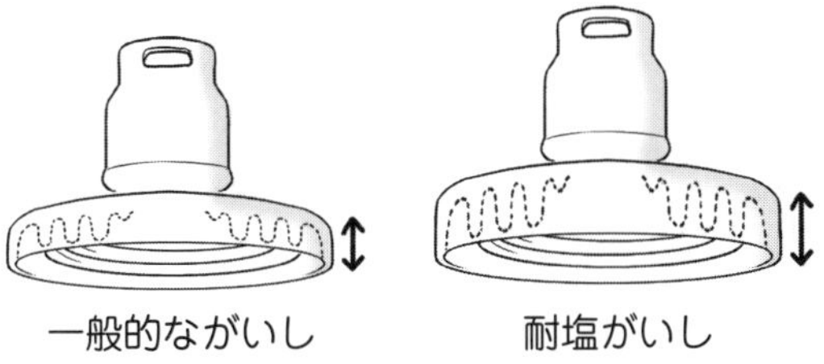

耐塩がいし
「耐霧がいし」ともよばれる。
一般的ながいしに比べて、沿面距離を長くするためにひだを深くしてある。

次は、**『② がいし洗浄の実施』**
定期的に送電運転を停止して、がいしの**洗浄を行って絶縁性を維持**するんだ。
活線状態（送電線に電流が流れた状態）のまま、シャワーを使って洗浄する方法もあるよ。

なるほど。絶縁効果を劣化させないためには、塩分でがいしを汚れさせず、常に表面をぴかぴかにしておけばいいってことだからな。

続いて、**『③ 撥水《はっすい》性塗料の使用』**
がいし表面に、**シリコンパウダー**などの撥水性物質を塗っておくんだ。
すると、塩分が含まれた雨水を、がいしがはじき返してくれる。

おお！　これで雨の日だって恐くない。
雨水をピチピチはじき返せば、塩分も付きにくいだろうな。

他にも、ちょっと変わった対策があるよ。
『④ 設置機器の隠ぺい化』は、機器に塩分が付着するのを防止するため、変電設備などを、**屋内や地下に置く**んだ。
送電線も地中ケーブルにしてしまえば、解決だ。

ぐぐぐ…。
単純だが…その発想はなかった！
確かに建物内なら、塩分混じりの雨風の影響も少なくなりそうだな。

さらに、**『⑤ 設置場所の変更』**は、送電線や変電所の設置場所を変更して、問題を抜本的に解決するんだ！　**海の近くはやめておこう！**

た、確かに…。建設する前の計画段階で、よく考えておくのも大事だな。
よし。塩害対策だけに甘くなかったが、これですべて学んだぞ。

送電設備の事故対策まとめ

教えてもらった
対策方法をまとめると
こんな感じだな

雷害対策

① **アークホーン**……がいしの両端につける金属の枝（がいし破壊を防ぐ）。
② **避雷器**……機器に取り付け、異常な電気を大地に逃がす（機器や設備の破壊を防ぐ）。
③ **架空地線**……鉄塔のてっぺんを連結している金属線（他の電線に雷が落ちるのを防ぐ）。
④ **接地工事**……金属の棒などを埋め込み、接地の工事をする（異常な電気を大地に逃がす）。

着雪対策

① **難着雪リング**……送電線にリングを取り付ける（雪が自然落下しやすくなる）。
② **ねじれ防止ダンパ**……送電線におもりをつける（ひねり・ねじりが生じにくくなる）。
③ **スペーサ**……電線間に挿入して、電線間の間隔を確保する（電線同士の接触を防ぐ）。
④ **融雪スパイラル**……電線に巻きつける（渦電流による熱で、雪や氷を溶かす）。

塩害対策

① **がいし絶縁の強化**……がいしを増結したり特殊ながいしを使う（絶縁の強化をはかる）。
② **がいし洗浄の実施**……がいしを洗浄する（塩分の汚れをとり、絶縁性を維持させる）。
③ **撥水性塗料の使用**……がいし表面に撥水性物質を塗る（塩分が含まれた雨水をはじく）。
④ **設置機器の隠ぺい化**……変電設備などを屋内や地下に置く（塩分が付着するのを防ぐ）。
⑤ **設置場所の変更**……送電線や変電所を海の近くに設置しない（問題を抜本的に解決する）。

「送電」だけでなく、「配電」においても用いられている対策があります。
例えば、電柱の電線（**配電線**）にも**架空地線**がありますし、配電においても**接地**は重要です。

さぁ、これで
送電設備の事故対策の
話は終わりだ
日々の対策を怠らないことで
あの凛々しい送電線の姿が
維持されているのだよ……
うっとり
ああ、うん…

送電線のたるみと荷重

送電線が すごいことは 私にもわかってきたが…
あの微妙なたるみは なんとかならんのか？
いつもスマートな ユユモちゃんに言わせれば だらしない
正直 みっともないぞ
たる〜〜ん
もっとピーンと張れば 送電線の長さも 節約できるだろうに
これだから ド素人は……
な、なんだと！？
鉄塔間に電線を架けると 電線自らの重さによって 必ずたるみが生じる……
しかし送電線のたるみには 理由があるッッ！！

あまりにもピンと張ってしまうと、余計な力が鉄塔や電線自体にかかってしまうんだ！
その結果――鉄塔が倒れるか電線自体が断線する危険があるんだよ！！
そ、そうなのか…じゃあゆるい方がいいんだな
ところがぎっちょん！たるみを大きくしすぎたら
風による揺れが大きくなってしまいまたもや電線断線の危険が！
また送電線は季節の温度変化によっても長さが変わる…
夏には伸びて冬には縮むからそれも考慮せねばならない
さっき説明したように、冬には電線に氷や雪が付着して電線が重くなることもあるし…
送電線って意外とめんどくさい奴だな……

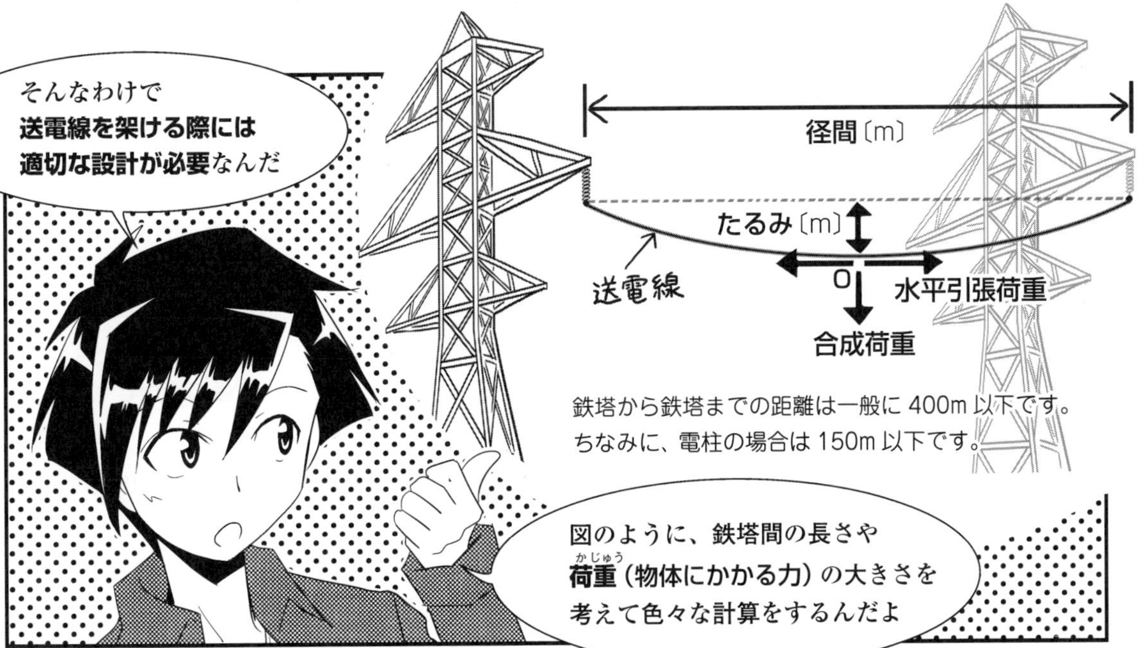
そんなわけで
送電線を架ける際には
適切な設計が必要なんだ
径間〔m〕
たるみ〔m〕
送電線
O
水平引張荷重
合成荷重
鉄塔から鉄塔までの距離は一般に 400m 以下です。
ちなみに、電柱の場合は 150m 以下です。
図のように、鉄塔間の長さや
荷重《かじゅう》（物体にかかる力）の大きさを
考えて色々な計算をするんだよ

※たるみの計算などについては、P.127 にて解説します。

例えば、風に吹かれると
風圧荷重という
水平方向の荷重がかかるし…
氷雪などが付着すると
氷雪荷重という
垂直方向の荷重がかかるわけだ
あの微妙なたるみ具合も
計算されている……
というわけか
むー…
微妙？
否！ 絶妙な、だよユニモ君！
まあ君にはわかんないだろうねぇ
あのカーブを描く電線の美しさ！！
また
はじまった…

スズメはなぜ感電しないのか

しかし今日は、いろんなトラブルの名称が出てきたな。
断線（P.108参照）、**短絡**（P.108参照）、**地絡**（P.106参照）…か。

これらのトラブルは、**鉄塔に架かる送電線**はもちろんのこと、**電柱に架かる電線（配電線）**でも起きる可能性があるね。
また、今日学んだような自然災害が原因ではなく、蛇などが電線にひっかかってしまい、**短絡事故**が起きることもある。

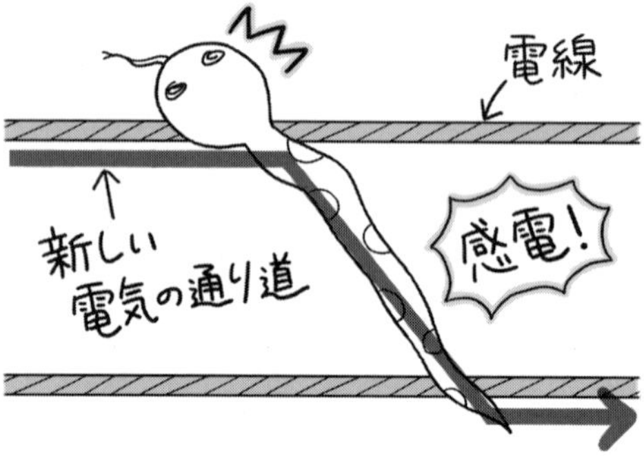

ほう。蛇の体が、電気の通り道になってしまうわけか！
電線同士が想定外の短い距離で、連結してしまう…。まさに短絡だな。

うんうん。**複数の電線に、動物の体がひっかかる**ことで、「新しい電気の通り道」ができていることが問題なんだ。可哀想だけど、この蛇は感電してしまう…。

ん〜？　でも、スズメが電柱の電線に止まっても、感電してないよな？
あれはなぜだ？　**１本の電線に止まっている**から、セーフなのか？

そういうことだね。右ページ図の注目部分を見て。
「鳥の左脚→鳥の体→鳥の右脚」という新しい電気の通り道はできているけど、
この『**鳥の体を通る道**』は、電線に比べて**圧倒的に抵抗が大きい**んだ。
脚の間の**電線の抵抗**なんて、限りなく**ゼロに近い**からね。

電気は、最も流れやすいルート…つまり**抵抗が少ないルートを流れる**。
だから電気は『鳥の体を通る道』は無視して、電線の方に流れていくんだ。
よって、鳥の方には電流がほとんど流れず、感電しないというわけ！

ふむむ。１本の電線に止まった場合は、『鳥の体を通る道』よりも抵抗が少ない電線のルートがあるから、鳥は助かっているというわけか。

そうだね。だけど、２本の電線に止まった場合は、『鳥の体を通る道』の他には**ルートがない！** 電線同士をつなぐような、他の道はないよね？
だから、鳥の体の抵抗が高くても、電流が流れてしまうんだ。
…まぁ、スズメの大きさを考えると、２本の電線に止まるのはありえないけどな。

鳥が１本の電線に止まった場合

注目！
「鳥の体を通る道」
または「電線」

これを回路図にすると

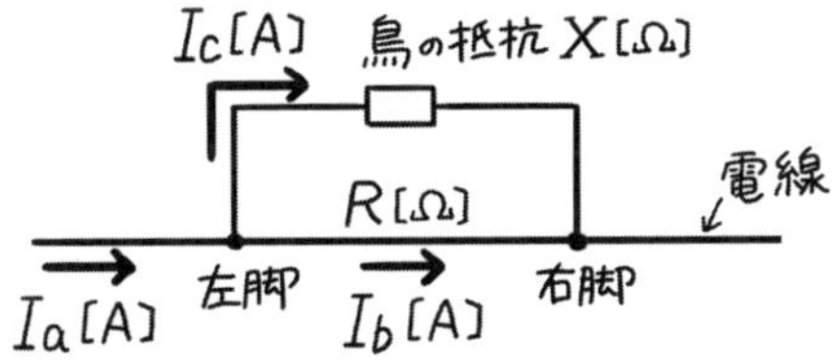
Ic[A]
鳥の抵抗X[Ω]
R[Ω]
電線
Ia[A]
左脚
Ib[A]
右脚

脚の間の電線の抵抗をRとすると

$$I_c = \frac{R}{R+X} I_a \text{ [A]}$$

← 並列回路の計算

Rは、限りなく小さい0[Ω]に近い値なので、

$$I_c = \frac{0}{0+X} \times I_a = 0 \text{ [A]}$$

となり、電流が流れない。
よって、鳥は感電しない。

鳥が２本の電線に止まった場合

「鳥の体を通る道」
以外に、
ルートがない！

これを回路図にすると

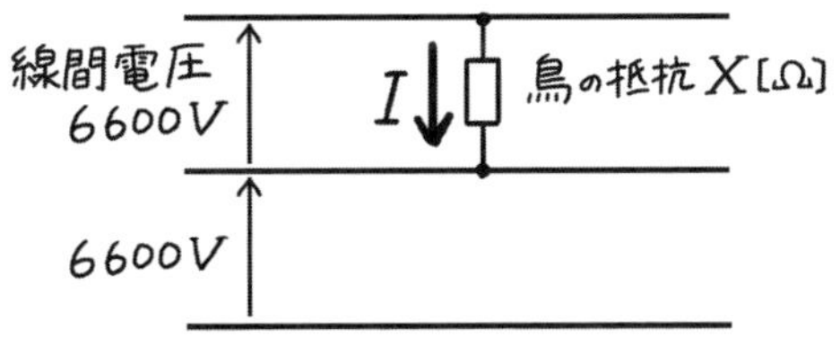
線間電圧
6600V
I
鳥の抵抗X[Ω]
6600V

※配電線と考え、電圧6600Vとしています。

鳥の抵抗を1000[Ω]とすると
鳥に流れる電流は、

$$I = \frac{V}{X} = \frac{6600}{1000} = 6.6 \text{ [A]}$$

となり、電流が流れる。
よって、鳥は感電する。

なるほど。「電気の通り道」を理解することが大事なんだな。
電線に触ってスリルを楽しむ際には、注意が必要だ！

あーのーなぁー。市街地の配電線は、**絶縁電線**といって電気が通りにくい物質で覆われていることが多いが…それでも危険なことに変わりはない。
そもそも絶対に電線には触るな。電線は写真を撮るものだっ！

3　変電所の構成

変電所にある機器・設備

ところで
前々から思ってたんだが
「変電所」の説明のとき
よくこういうマークが
あるだろう？
（P.41やP.96参照）
やはり変電所には
こういうロボットが
いるのか！！？
いねぇよ！！
変電ロボ
これは変電所の
『変圧器』を真似たものなの！
そして変電所のなかには
変圧器以外にもいろんな
設備があります！

変電所の色々な設備

変圧器……電圧を変換する（電圧を上げることを**昇圧**、下げる事を**降圧**という）。

遮断器……電力の送電・停止に使うスイッチ。事故の際には**自動的に電気を遮断**する。

断路器……送電装置を**点検**する際、電気的に切り離すために使用するスイッチ。

避雷器……落雷の際、**雷の電気**を地面に逃がして変電所の機器を守る。

ふむむ 変電所には、
変圧器ロボのほかにも
色々なロボがいるのだな
だから
ロボじゃ
ねぇ。
聞けよ。
で
変電所の設備は
こんなふうに
並んで接続されて
いるんだ

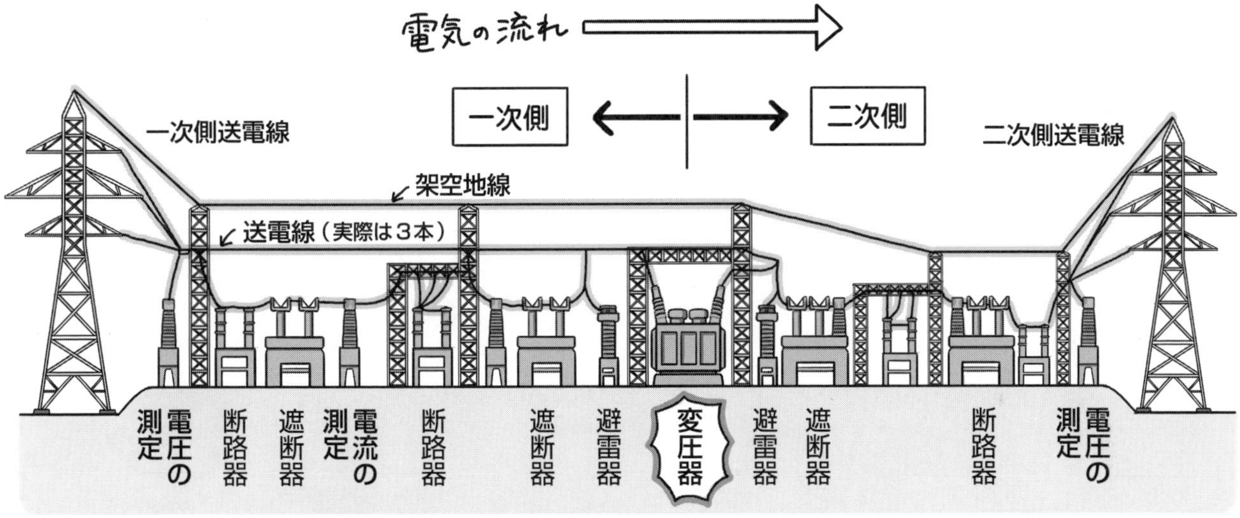
電気の流れ
一次側
二次側
一次側送電線
二次側送電線
架空地線
送電線（実際は３本）
電圧の測定
断路器
遮断器
電流の測定
断路器
遮断器
避雷器
変圧器
避雷器
遮断器
断路器
電圧の測定

不動弘幸 著『電験三種 完全攻略 改訂第４版』P.150（2012）オーム社より

一次側から入ってきた電気は、変圧器で電圧を下げられ、二次側から送り出されていきます。

一次側（入口）から
入ってきた電気は
変圧器で電圧を下げられ
二次側（出口）から
送り出されるのか
うむ
変電所のことが
よくわかったぞ
いつかロボ達にも
会いに行きたい
ものだ！
だから…

変電所の種類

うーん。それにしても、だ…。『**超高圧変電所**』『**一次変電所**』『**中間変電所**』『**配電用変電所**』と、**いくつもの変電所がある**のが、実にややこしい。
かなーり、めんどくさいぞー。

ああ、下の電力システム図を見れば、**変電所の役割の違い**もわかりやすいよ。
前に見せた図（P.41参照）と大体同じだけど、今ならもっとよく理解できると思う。それぞれの変電所に、注目してくれ。

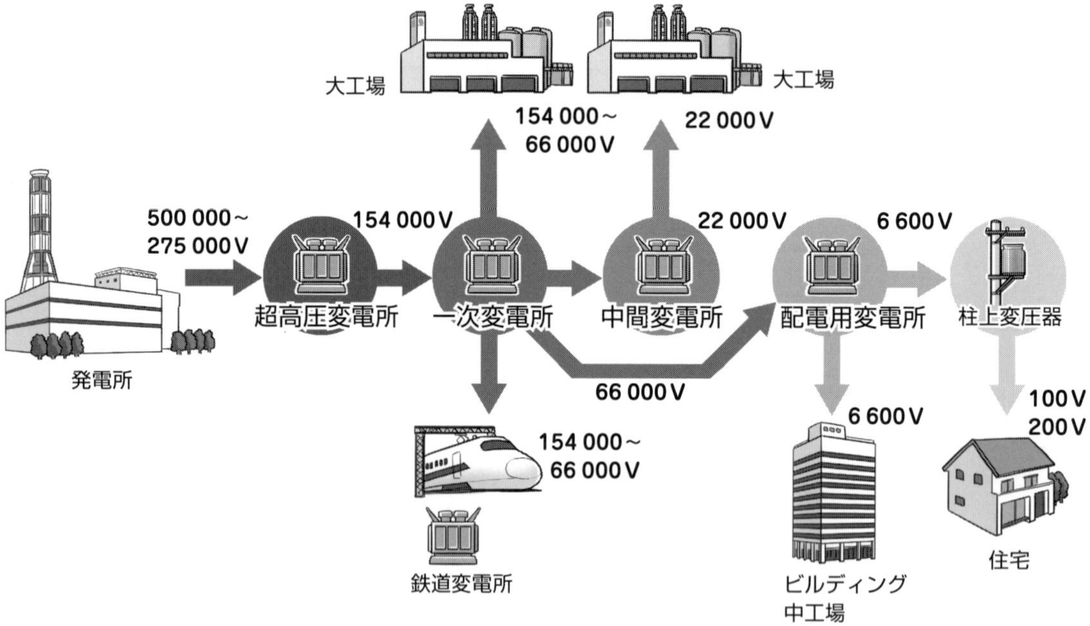

大工場
大工場
154 000～
66 000 V
22 000 V
500 000～
275 000 V
154 000 V
22 000 V
6 600 V
超高圧変電所
一次変電所
中間変電所
配電用変電所
柱上変圧器
発電所
66 000 V
6 600 V
100 V
200 V
154 000～
66 000 V
鉄道変電所
ビルディング
中工場
住宅

それぞれの変電所の役割の違い

おぉ～！　違いが丸見えではないか。
『**超高圧変電所**』は、発電所に最も近くて、扱う電圧も**一番高圧**。
『**一次変電所・中間変電所**』は、**大工場や鉄道にも、直接電気を分配している**な。
『**配電用変電所**』は、住宅に最も近くて、扱う電圧は**一番低圧**だ。

そういうこと。それぞれの変電所の役割を理解するのが大事なんだ！
…と、うまくまとまったとこで、『送電』の勉強は終わり～。

うわぁ！
すごいな向こうの山！
あんなに鉄塔が連《つら》なって…
うん
この頂上からの景色を
ユユモに見せたかった
……！
べ 別にお前が
見たがってるだけだろ
恩着せがましい！
そうだな
……っと 俺も
写真撮らないとな

ところで
前から疑問だったんだが…
この星の文明でも
動画記録の機械は
あるのだろう？
その静止画像記録より
ずっと優れているのでは
ないのか…？
写真って……さ
優れてるとかいないとか
そういうのじゃないんだ
一瞬の思い出を
永遠に……みたいな
きれいなもの
珍しいもの
忘れたくないもの——
そういうのを思わず
撮ってしまうその感動と衝動に
身を任せる刹那の瞬間…っていうか
……
お前たちの文化は
よくわからんな
ところでさ
ユユモ……
あの……
こんなお願いって
ワガママかも
しれないけど
!!

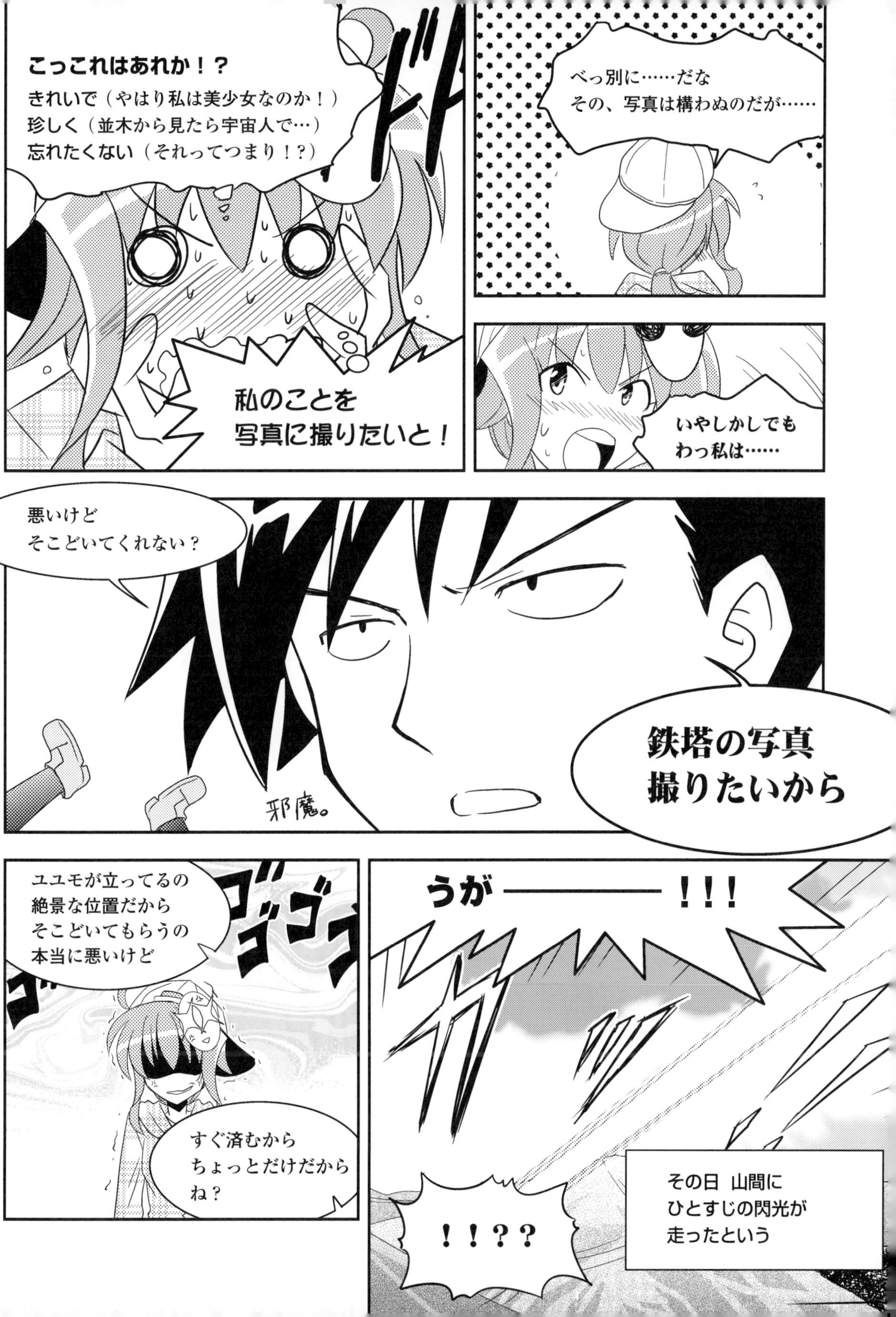

こっこれはあれか！？
きれいで（やはり私は美少女なのか！）
珍しく（並木から見たら宇宙人で…）
忘れたくない（それってつまり！？）
ドド
私のことを
写真に撮りたいと！
べっ別に……だな
その、写真は構わぬのだが……
いやしかしでも
わっ私は……
悪いけど
そこどいてくれない？
邪魔。
鉄塔の写真
撮りたいから
ユユモが立ってるの
絶景な位置だから
そこどいてもらうの
本当に悪いけど
ゴゴゴ
すぐ済むから
ちょっとだけだから
ね？
うが――――!!!
!!??
その日 山間に
ひとすじの閃光が
走ったという

フォローアップ

◆ 直流送電

電力の送電方法は「交流」のみだと思いがちですが、「直流」による送電方式も存在しています。これを『**直流送電**』、あるいは **HVDC**（High-Voltage Direct Current transmission）とよびます。

交流では、線路インダクタンスや対地静電容量に起因する電圧変動が生じてしまい、また、同期が必要であるなどの**デメリット**がありますが、直流を用いればこの点が解消されます。もちろん大半の電力系統は交流であることから、**系統連系**（エリアごとを接続する連絡線の役割）設備として設置されます。

交流と直流の変換には通常、サイリスタを用いた「**他励《たれい》式電力変換設備**」が使用されます。他励式とは、装置が動作するために外部に電源が必要なものをいい、出力の周波数はその電源と等しくなります。またその逆は、**自励《じれい》式**といい、任意の周波数を出力することができるのです。

直流部分は「ケーブル送電区間」や「架空送電区間」があり、ケーブル送電区間の場合は、陸上ケーブルや海底ケーブルを用います。

直流送電は、日本では以下のような場所で採用されています。このように**直流送電を用いる目的**もさまざまです。

また、次ページの図で、おおよその位置関係も確認してみてください。

「直流送電を用いる目的」とその具体例

① **長距離送電系統を構成する目的**

例：北本直流連系設備（北海道・本州間 電力連系設備）
紀伊水道直流送電設備（阿南紀北 直流幹線）

② **異なる周波数の系統を連系することが目的（周波数変換）**

例：新信濃周波数変換所、佐久間周波数変換所、東清水周波数変換所

③ **ループ構成による潮流制御の困難化を解消することが目的**

例：南福光連系所

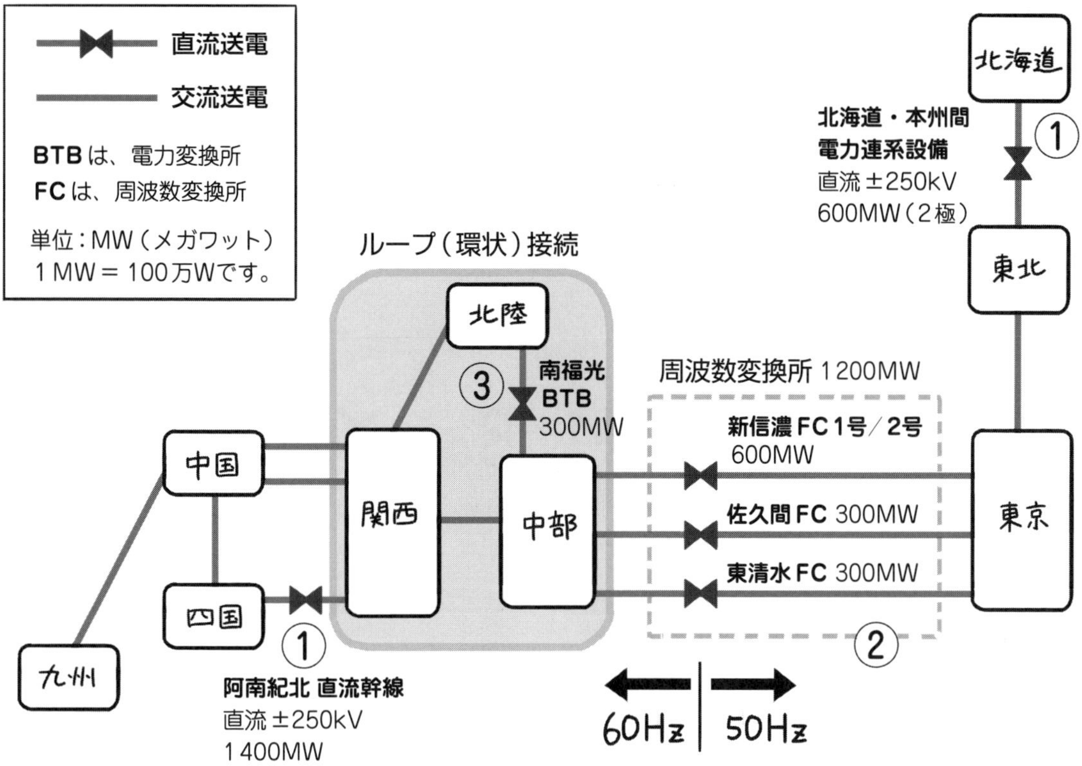
直流送電
交流送電
BTBは、電力変換所
FCは、周波数変換所
単位：MW（メガワット）
1 MW＝100万Wです。
ループ（環状）接続
北海道
北海道・本州間
電力連系設備
直流 ±250kV
600MW（2極）
①
東北
北陸
③
南福光
BTB
300MW
周波数変換所 1200MW
新信濃 FC 1号／2号
600MW
佐久間 FC 300MW
東清水 FC 300MW
②
中国
関西
中部
東京
四国
九州
①
阿南紀北 直流幹線
直流 ±250kV
1400MW
60Hz
50Hz

電力変換所
周波数変換所
北海道
東北
北陸
東京
中国
関西
中部
九州
四国
60Hz
50Hz

◆ ニンビー問題

設備の必要性は認めるものの、近隣に存在することに反対する住民や、その動きを意味する語として、『**ニンビー**』という言葉が知られるようになってきました。

ニンビー（NIMBY）は、「Not In My Back Yard（私の裏庭には来ないで欲しい）」の略語です。

別名で「迷惑施設、嫌悪施設、忌《き》避《ひ》施設」などとして認識されています。一般的には、**下水処理場、埋葬施設、葬儀場、刑務所**などが該当するといえるでしょう。

アメリカでは問題視されることが多いのですが、日本で注目されることは今のところ少ないといえます。

発送配電関係であれば、**発電所、送電鉄塔、ダム、核処理施設**などがあります。

生活には不可欠な施設なのですが、必ずしも身のまわりにある必要はなく、かつ、損害を与えるというイメージが介在している点が共通しています。

◆ たるみの計算について

さて、今日は送電線のたるみについて学んだよね（P.115参照）。
その**たるみの計算**について、最後におまけでちょっと紹介しておくよ。
電線のたるみも、このような計算にもとづいたものなんだ。

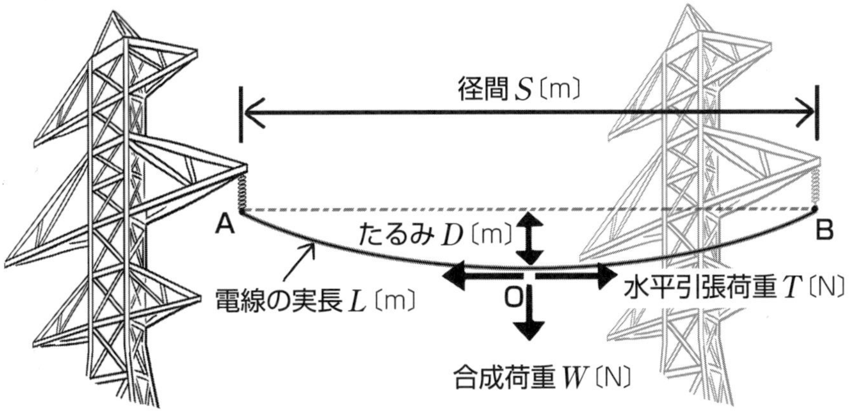

径間 S〔m〕
A
B
たるみ D〔m〕
電線の実長 L〔m〕
O
水平引張荷重 T〔N〕
合成荷重 W〔N〕

■ たるみ *D* を求める式

上図のように、送電線（配電線）が、ＡＢの両支持点間に高低差がなく同じ高さだとします。このとき、電線のたるみ *D* は、「水平線ＡＢ」と「電線の最低点（一番たるんでいる点）Ｏ」の距離といえます。そして、**たるみ** *D* は次式で表します。

$$D = \frac{WS^2}{8T} \text{〔m〕}$$

W：電線１ｍあたりの、風圧荷重を含む**合成荷重**〔N〕
T：電線の水平方向の**引張荷重**（張力）〔N〕
S：**径間**（電線の支持点間の距離）〔m〕
※Ｎ（ニュートン）は、力の大きさを表す単位です。

■ 電線の実長 *L* を求める式

電線の**実長**（実際の長さ）*L* は、径間 *S*、たるみ *D* を用いて、次式で表します。

$$L = S + \frac{8D^2}{3S} \text{〔m〕}$$

第4章

配電

1　配電方式

ただいまー…
って
何やってんだ
ユユモ？
見てわからないのか
料理だ、料理！
私がここに住む目的は
電気を体感するため
だから家電も見事に
使いこなしてやろうと
そういうことだ！
ほほー
そりゃすごい
とりあえず
壊すなよ？
当然だ！

…というわけで今日のご飯は
どんっ
炊飯器で焼いた巨大ホットケーキ！
ユユモちゃん流の味付けを堪能するがよい！！
しょうゆ
マヨネーズ
酢
調味料の選定がおかしい！
で、どうだ美味しいか？
こんなふうに家庭で電気が使えるのも電気がしっかりと『配電』されているからだね！
今日は配電について学んでいこう～♪
料理の感想が無い！？

配電と変圧器

ええっと…
配電といえば
配電のイメージ
電柱
工場など
配電用変電所
変圧器
家庭
『配電用変電所まで送られてきた
電気を、各家庭や工場などに
分配・供給すること』だったな
（P.10 参照）
ん？
電柱？
そういうこと
では早速
外の電柱をご覧あれ
電柱の上のほうに
バケツみたいなものが
あるだろ？
あれは柱上《ちゅうじょう》変圧器
といって大事な
役割があるんだ
変圧器…ということは、
ズバリ電圧を変えると
いうわけだな！

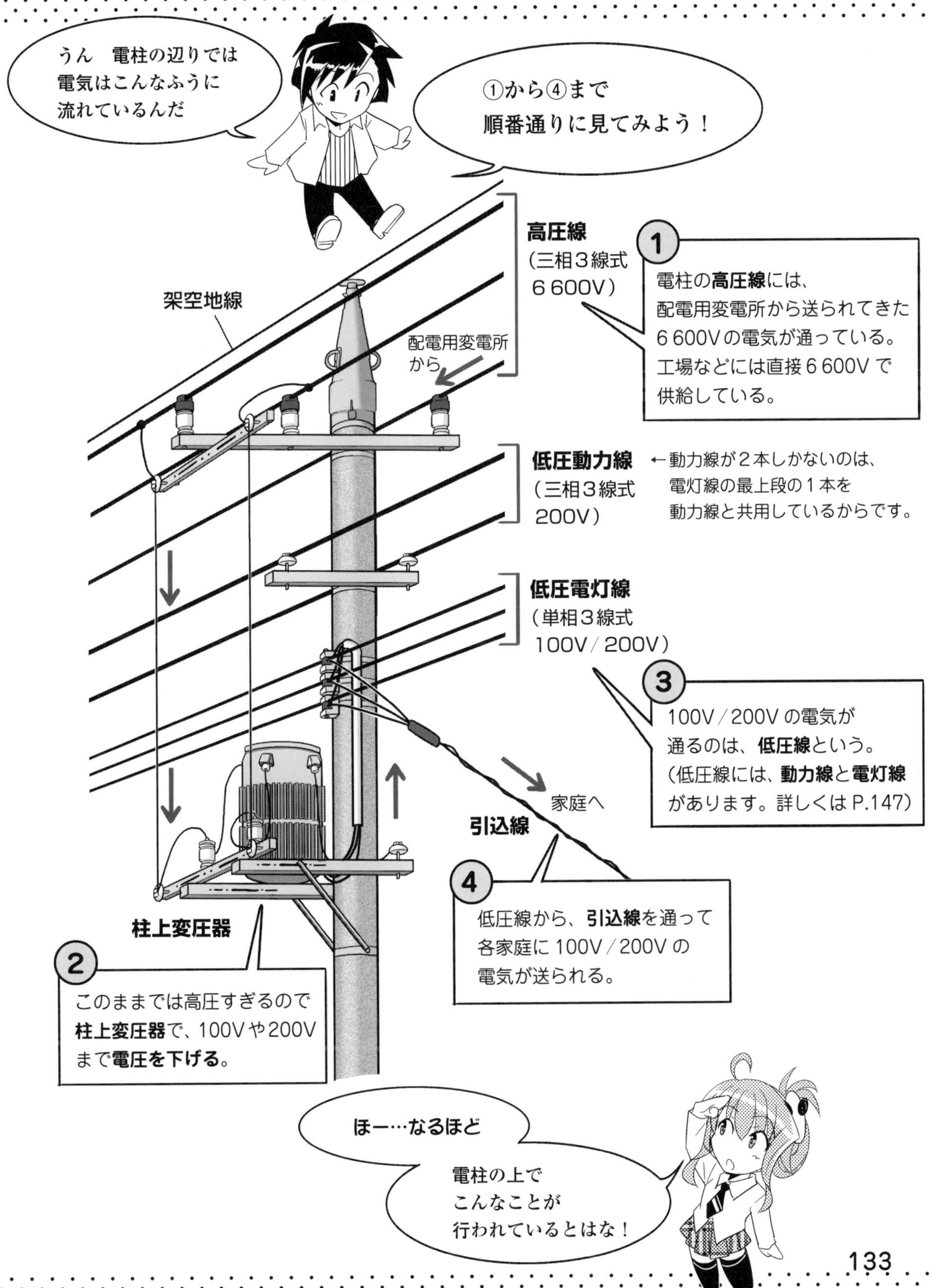

うん　電柱の辺りでは
電気はこんなふうに
流れているんだ
①から④まで
順番通りに見てみよう！
高圧線
（三相3線式
6 600V）
1
電柱の**高圧線**には、
配電用変電所から送られてきた
6 600Vの電気が通っている。
工場などには直接6 600Vで
供給している。
架空地線
配電用変電所
から
低圧動力線
（三相3線式
200V）
←動力線が2本しかないのは、
電灯線の最上段の1本を
動力線と共用しているからです。
低圧電灯線
（単相3線式
100V／200V）
3
100V／200Vの電気が
通るのは、**低圧線**という。
（低圧線には、**動力線**と**電灯線**
があります。詳しくはP.147）
家庭へ
引込線
4
低圧線から、**引込線**を通って
各家庭に100V／200Vの
電気が送られる。
柱上変圧器
2
このままでは高圧すぎるので
柱上変圧器で、100Vや200V
まで**電圧を下げる**。
ほー…なるほど
電柱の上で
こんなことが
行われているとはな！

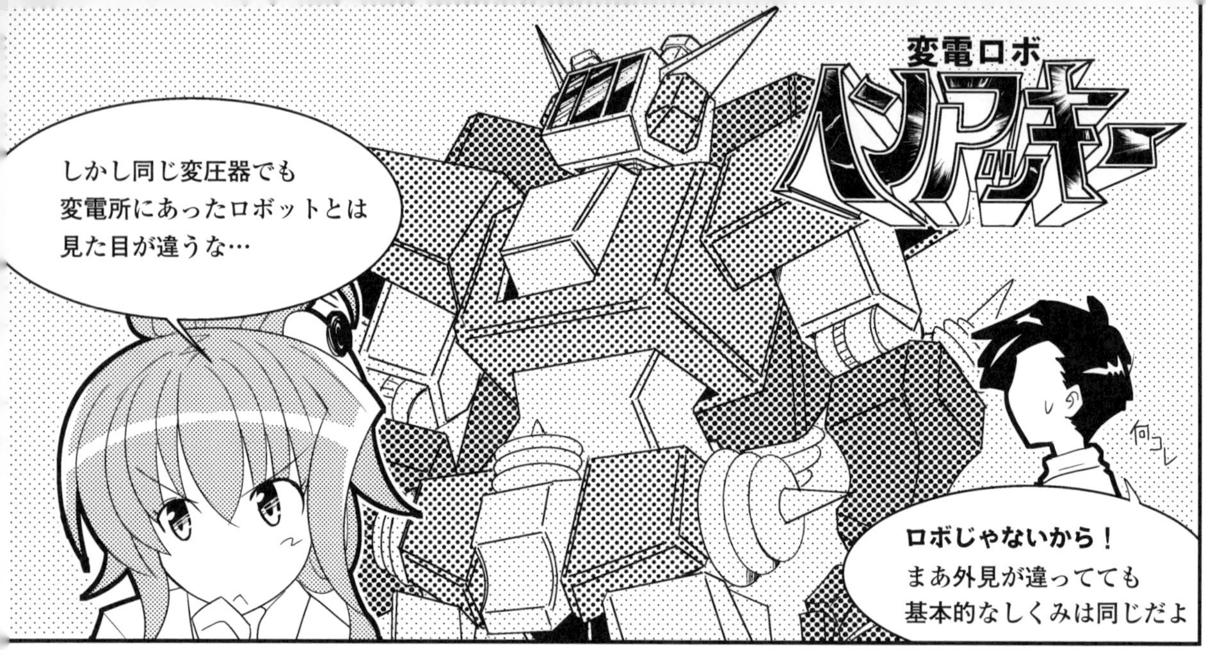
変電ロボ
ヘンアッキー
しかし同じ変圧器でも
変電所にあったロボットとは
見た目が違うな…
何コレ
ロボじゃないから！
まあ外見が違ってても
基本的なしくみは同じだよ

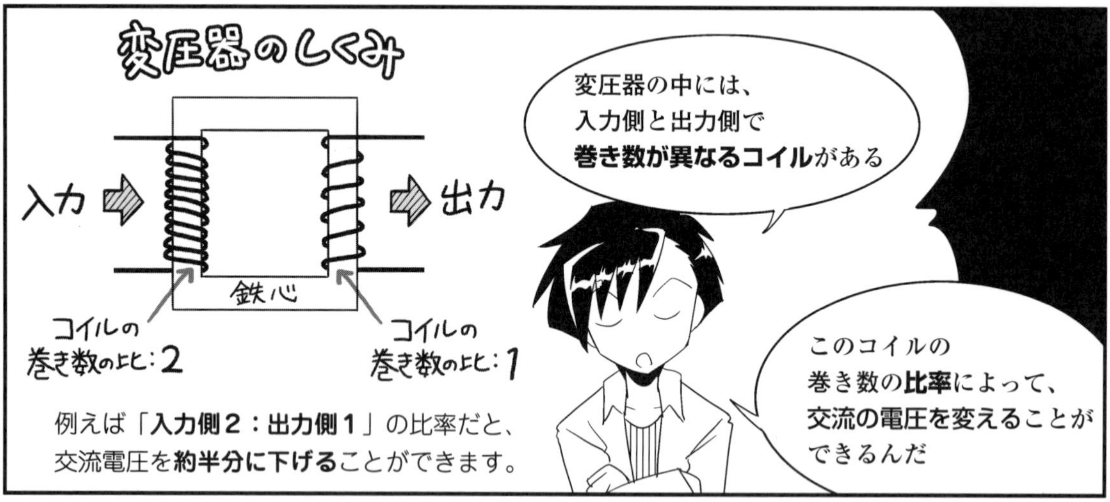
変圧器のしくみ
入力
出力
鉄心
コイルの
巻き数の比：2
コイルの
巻き数の比：1
例えば「入力側２：出力側１」の比率だと、
交流電圧を約半分に下げることができます。
変圧器の中には、
入力側と出力側で
巻き数が異なるコイルがある
このコイルの
巻き数の比率によって、
交流の電圧を変えることが
できるんだ

おおー
思ってたよりも
簡単なしくみだな！
便利なものだ
一家に一台欲しくなる

では早速…
やると
思った。
にゅ
ヘイストップ
それは犯罪だ

一般家庭向けの配電方式

さーて
ここからが大事なところ
一般家庭など
電灯用（蛍光灯 小型機器）
・単相2線式
・単相3線式
工場など
動力用（工場のモータ）
・三相3線式
電灯・動力用
・三相4線式
※この他にも 色々な方式があります。
需要家に配電する
「**配電方式**」は、
この通り色々あるんだ
むむ
何やら難しそうな…
まずは**電灯用**（一般家庭など）
に用いられている
『**単相2線式**』と
『**単相3線式**』の紹介だ
単相かぁ……
○**相**とは「**波形の数**」
のことだったな
（P.39 参照）
その通り
よく覚えてたね
んじゃ、ちょっと
ややこしいかもしれないけれど
よーく聞いてくれよユユモ

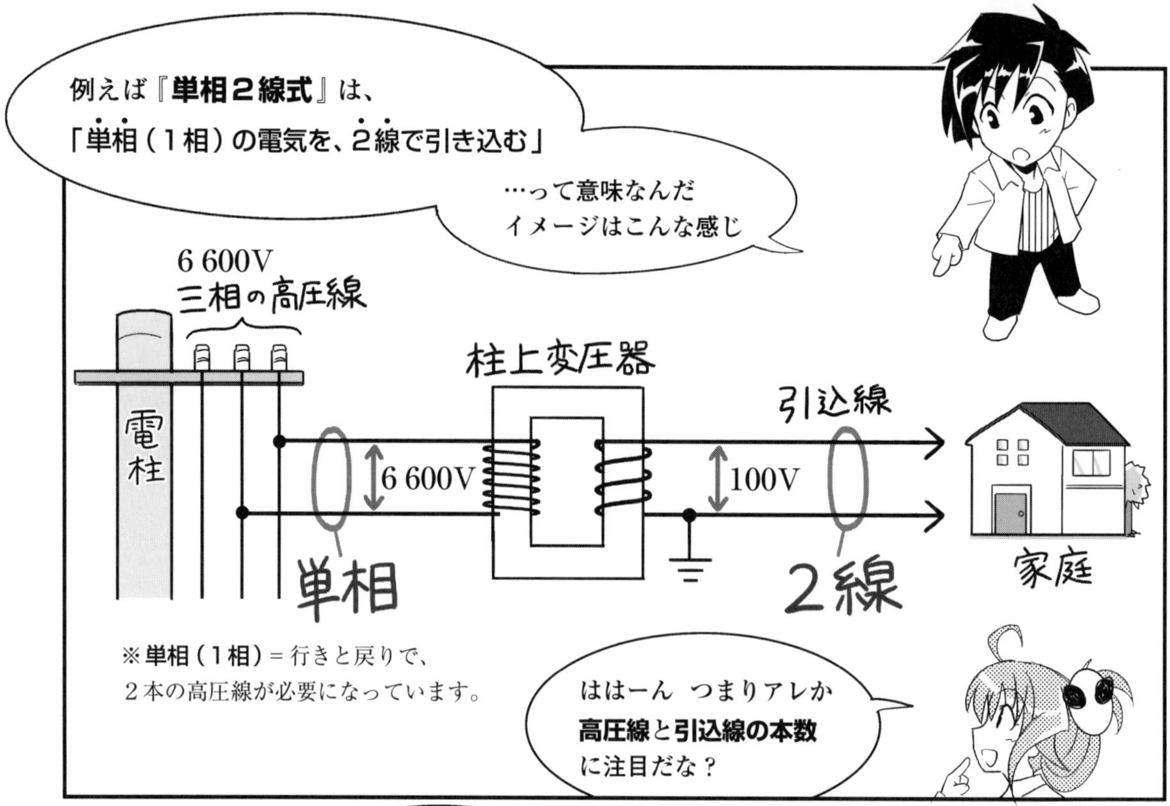

例えば『単相２線式』は、
「単相（１相）の電気を、２線で引き込む」
…って意味なんだ
イメージはこんな感じ
6 600V
三相の高圧線
柱上変圧器
引込線
電柱
6 600V
100V
単相
２線
家庭
※単相（１相）＝行きと戻りで、
２本の高圧線が必要になっています。
ははーん　つまりアレか
高圧線と引込線の本数
に注目だな？

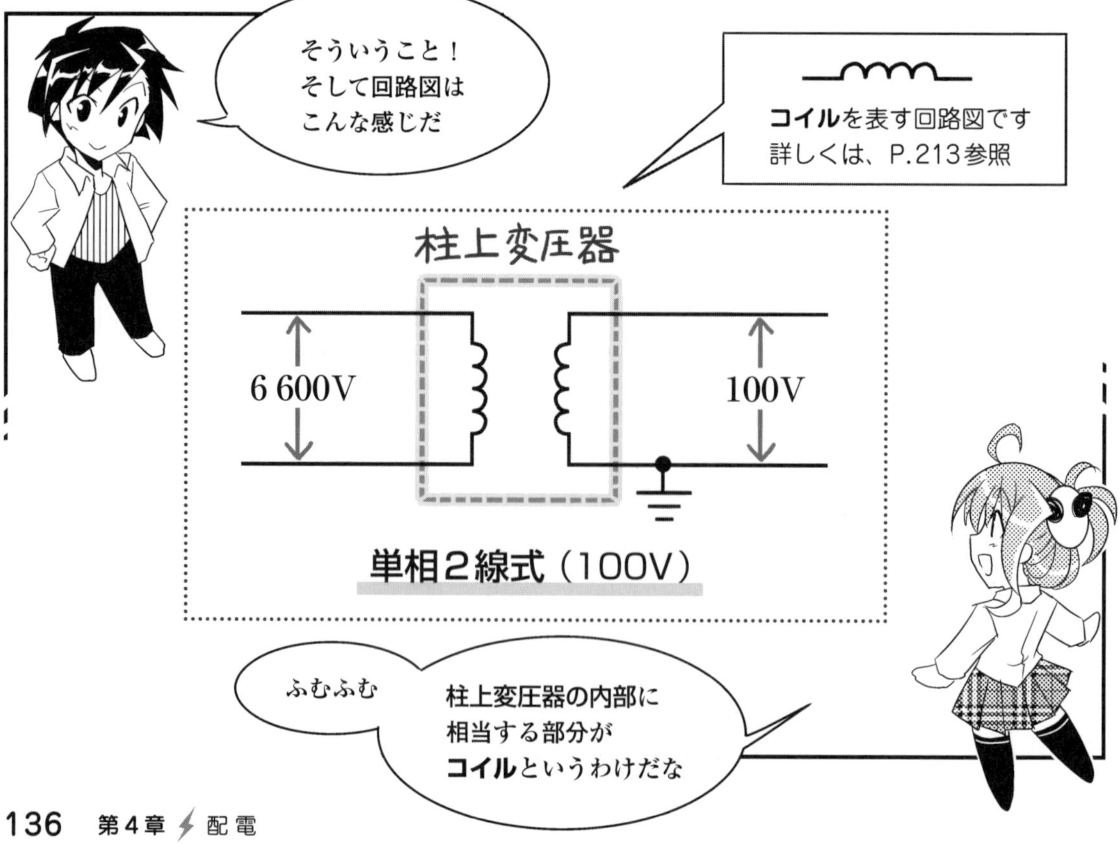

そういうこと！
そして回路図は
こんな感じだ
コイルを表す回路図です
詳しくは、P.213参照
柱上変圧器
6 600V
100V
単相２線式（100V）
ふむふむ
柱上変圧器の内部に
相当する部分が
コイルというわけだな

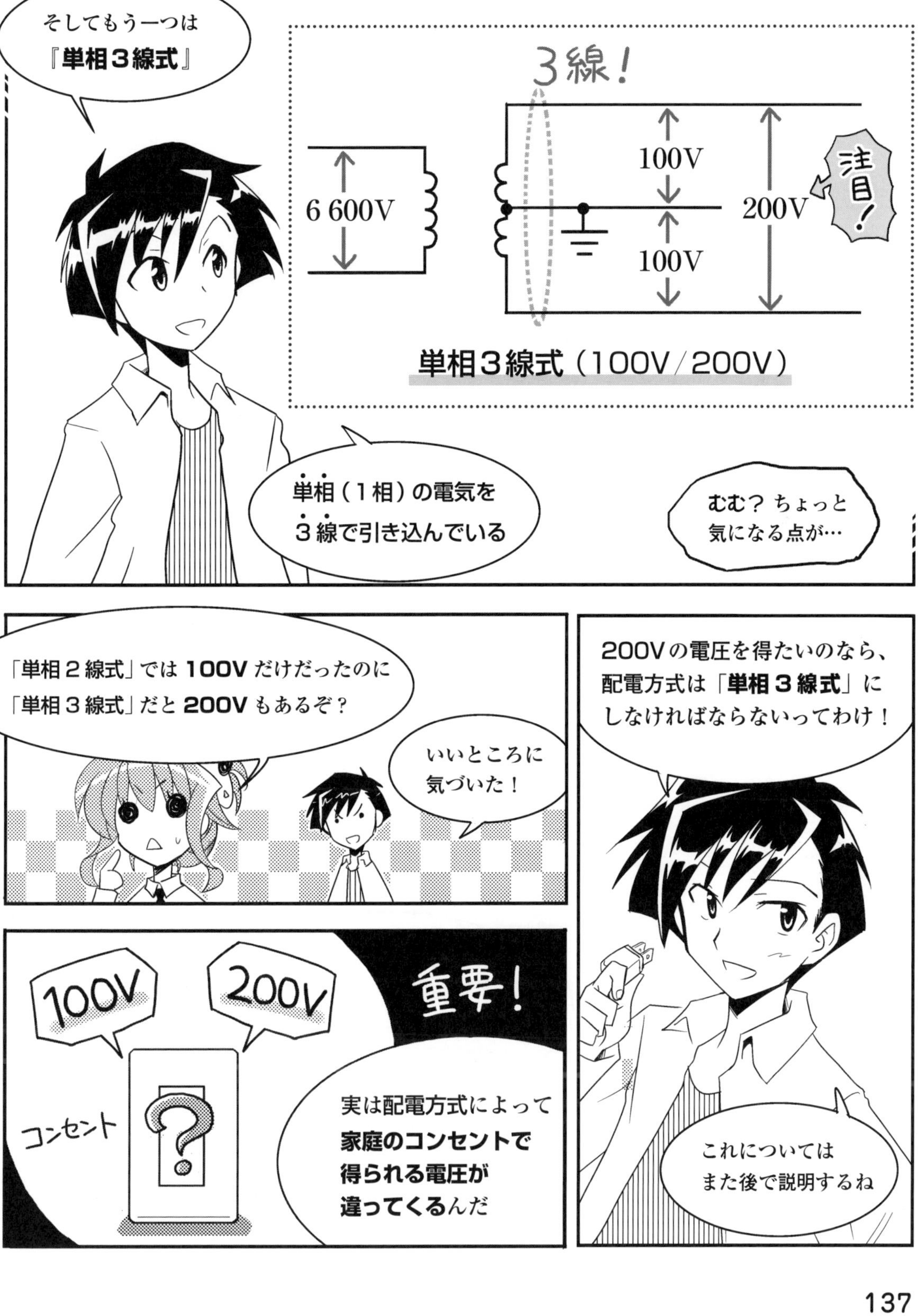

そしてもう一つは
『単相3線式』
3線！
6 600V
100V
100V
200V
注目！
単相3線式（100V／200V）
単相（1相）の電気を
3線で引き込んでいる
むむ？ ちょっと
気になる点が…
「単相2線式」では 100V だけだったのに
「単相3線式」だと 200V もあるぞ？
いいところに
気づいた！
200Vの電圧を得たいのなら、
配電方式は「単相3線式」に
しなければならないってわけ！
100V
200V
重要！
コンセント
実は配電方式によって
家庭のコンセントで
得られる電圧が
違ってくるんだ
これについては
また後で説明するね

あと……回路図にあるこの記号は何だ？
これ！
ああ　これは前にも説明した「接地（アース）」のことだよ（P.107参照）
接地は感電を防止したり、万が一の事故の際に**大電流を地面に逃がす**ことができるんだ
変圧器が故障したときに、高電圧が家庭に流れ込んできたら大変だからな
異常な電気
接地（アース）
できるだけ**抵抗が低い地盤**のところにアース棒を深く埋め込んでおきます。
つまり接地は安全対策、と
電圧線
中性線
電圧線
そして接地されている電圧線を単相３線式などでは、**『中性線（接地側電線）』**という大事だから、よく覚えといてね
らじゃー了解だ！

接地工事の種類

ちなみに、下の表のように、接地工事には4種類がある。
電圧の大きさや**設備の箇所**により、種類が分けられているんだよ。
※**低圧・高圧・特別高圧**という電圧の大きさの区分については、P.145 にて説明します。

前回の配電の際に出てきた避雷器（P.106 参照）などは「A種接地工事」か。
家庭の洗濯機などは、電圧が低いので「D種接地工事」と。
そして、今習った**中性線**とか**変圧器**に関連があるのは「B種接地工事」だな。
ふーむふむ。接地工事も色々ということか。

種 類	内容や規定
A種接地工事	**高圧・特別高圧**系統の機器の外箱または鉄台の接地、避雷器などに適用。 接地抵抗 10 Ω 以下。
B種接地工事	高圧または特別高圧と、低圧を結合する**変圧器の低圧側**の中性点（中性点がない場合は低圧側の1端子）などに適用。対地電圧を原則 150 V に抑制。
C種接地工事	**300 V を超える低圧**系統の機器の外箱または鉄台の接地などに適用。 接地抵抗 10 Ω 以下（動作時間 0.5 秒以下の遮断器を施設する場合 500 Ω）。
D種接地工事	**300 V 以下の低圧**系統の機器の外箱または鉄台の接地、洗濯機などに適用。 接地抵抗 100 Ω 以下（動作時間 0.5 秒以下の遮断器を施設する場合 500 Ω）。

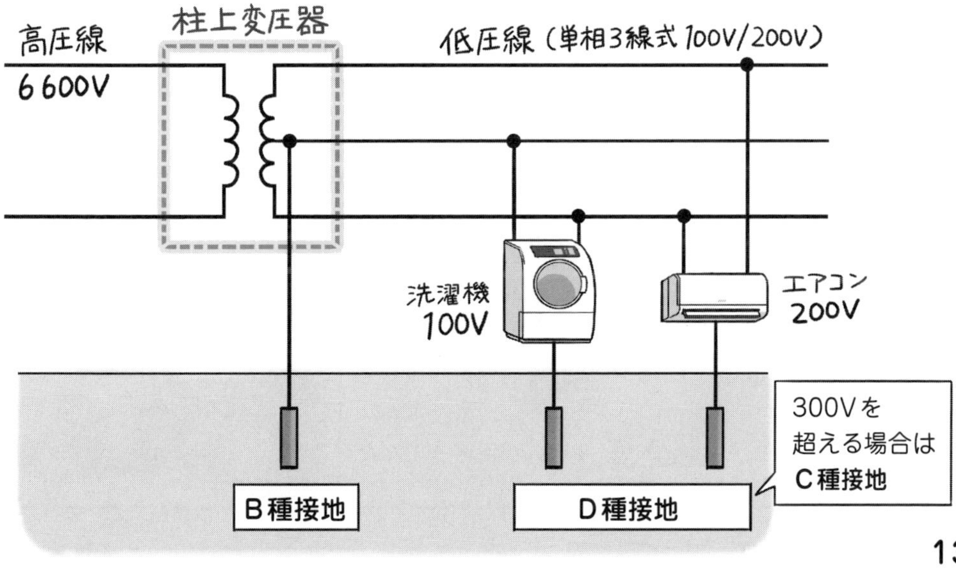

配電方式の種類

ふーやれやれ「単相２線式」だの「単相３線式」だの少しややこしかったが…
知的なユユモちゃん流石！あっさりと理解できたぞーいや参ったなー
ほーう
そりゃよかった
さて今までは**電灯用**（一般家庭など）だったけど、お次は**動力用**（工場など）の配電についてだ
工場やビルなどに適している低圧の『**三相３線式**』と『**三相４線式**』を紹介しよう
なんと!?
うぅ……休憩もなしとはなんたる宇宙人虐待……息抜きぐらいいいじゃないか
ず〜〜ん..
息抜きの間に人生やってるような宇宙人が何言ってんだ
何そのおちこみよう。
さっきは「単相」だったが今度は「**三相**」か…
むむぅ…

そう！例えば『三相３線式』は
「三相の電気を、３線で引き込む」
ってことだよ
そう説明されると
なんとなくわかるが…
しかし
「○相△線式」という響きが
ミョーにややこしく感じるな
6 600V
三相の高圧線
電柱
柱上変圧器
200V
200V
200V
引込線
工場など
三相
3線
※三相＝本来は行きと戻りで合計６本必要ですが、
省略できる電線があるので、３本の高圧線で済んでいます。
ふっふっふ
そういうと思った
実は
○相△線式は……
「○Φ《ファイ》△W《ダブル》」と
表すことができるんだ！！
例えば、
「三相４線式」は
「3Φ4W」となる！
おお！
これなら簡単そうに見え…
……あれ？
実質的に変わって
なくて……え？
よーし次は
「三相３線式」「三相４線式」
の特徴や回路図などを
説明していくよー！

工場やビル向けの配電方式

デルタ
スター
ワイ
ブイ

ではさっそく『**三相3線式**』を紹介していくね。
これは、**工場**など**動力（モータ）**を使う場所で、よく使われている配電方式だ。

そういえば以前…「工場で使用されている**モータを動かすのに、三相交流の方が適している**」と言っていたもんな（P.39参照）。

よく覚えてたね、その通り！
そして、三相交流回路の場合には、変圧器の**結線**《けっせん》**方式**（電線の接続の仕方）にもいくつかの種類があるんだ。順番に見ていこう。

三相3線式（Δ結線、Y結線）

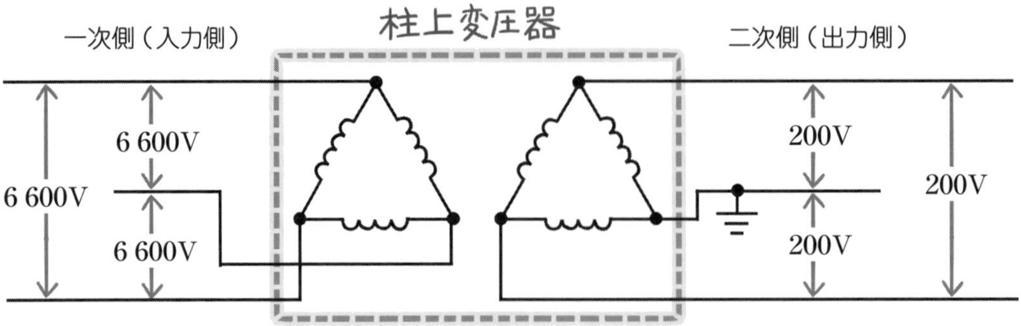
柱上変圧器
一次側（入力側）
二次側（出力側）
6 600V
6 600V
6 600V
200V
200V
200V

Δ結線

↑上図では、変圧器の「一次側（入力側）」「二次側（出力側）」の両方を描いています。
以降は**「二次側（出力側）」のみ**の図で紹介していきます。

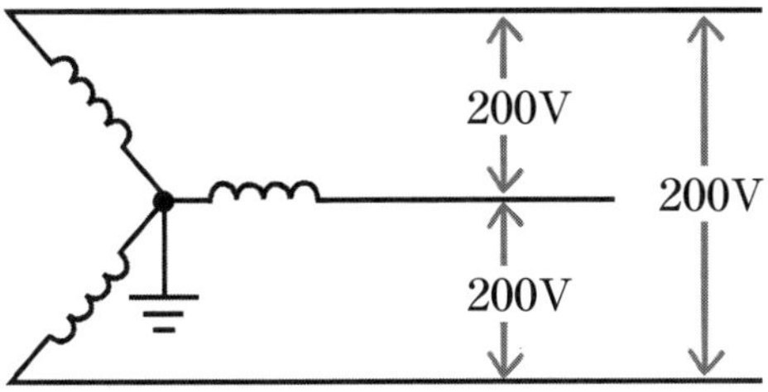
200V
200V
200V

Y結線

まずは、**三相３線式**の「**Δ（デルタ）結線**」と「**Y（スター、ワイ）結線**」の２つの結線方式。
どちらとも、**三相変圧器を１つ**か、**単相変圧器を３つ**使って結線するんだ。
工場のモータの電源としては、この『**三相３線式（Δ結線、Y結線）**』が一番よく用いられているよ。
電圧は、200V または 400V で使用されることが多いんだ。

三相３線式（V結線）

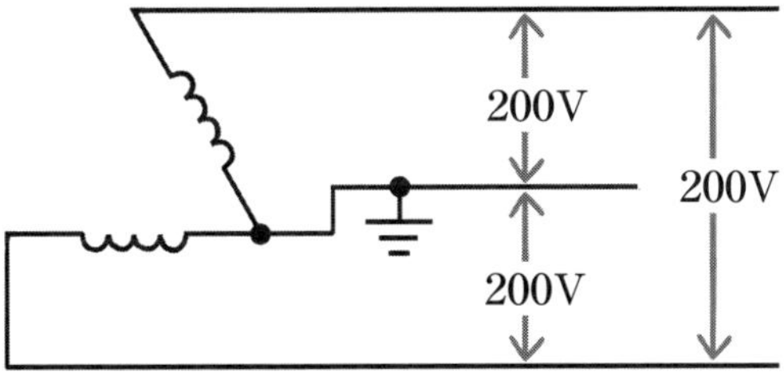
200V
200V
200V

V結線

三相３線式の「**V（ブイ）結線**」は、さっきのΔ結線と Y 結線に比べて出力が 57.7%、変圧器容量に比べて利用率が 86.6%と、**効率が少し悪く**なってしまう。

ただ、**V結線は、単相変圧器を２つしか必要としない**結線方式なんだ！
だから、Δ結線を使用中に変圧器３台のうち**１台が故障**してしまっても、V 結線にすれば、残りの２台で三相の配電を続けられるんだよ。

ふ～む。V 結線は少し効率が悪いが、そんなメリットがあるんだな。
あと、**それぞれの結線の形が、Δ、Y、V の文字の形**になっているから、覚えやすいな。

三相4線式

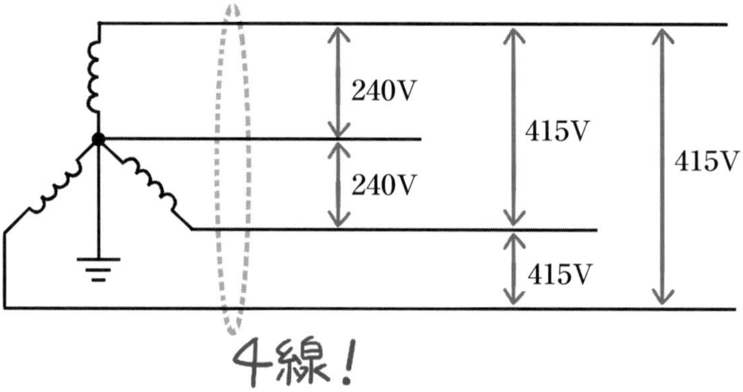
240V
240V
415V
415V
415V
4線！

さぁ「三相3線式」の説明が終わったところで…。
お次は、『**三相4線式**』を紹介しよう。

4線か…。
確かに上の図を見ても、三相の電気なのに**4本の線**があるのがわかるぞ。

うんうん。この4本で、**電灯**と**動力**の両方を供給できる。
そして、電圧は**415V、240V**で使用されることが多いんだ。
大きめの工場やビルで使用する際には、415Vを**動力**用、240Vを**電灯**用（蛍光灯や小型機器）として使い分ける場合もあるよ。まず高圧で引き込んでからビルの中の変圧器で三相4線式にして配電しているんだ。

おお！ **電灯**と**動力**の両方か！
同時にそんな使い分けができるとは、なかなか便利っぽいな。
415Vと240Vといえば、家庭で使う電圧（100V）の倍以上ではないか。いかにも強力っぽいぞ。

まあ、そんなわけで配電方式の説明は終わりだ。
色々な方式があっただろ？

うむ。「一般家庭」と「工場やビル」では、必要とされている電気も違う。
それぞれに適した配電方法が用いられているということだな。

電圧の大きさで分類

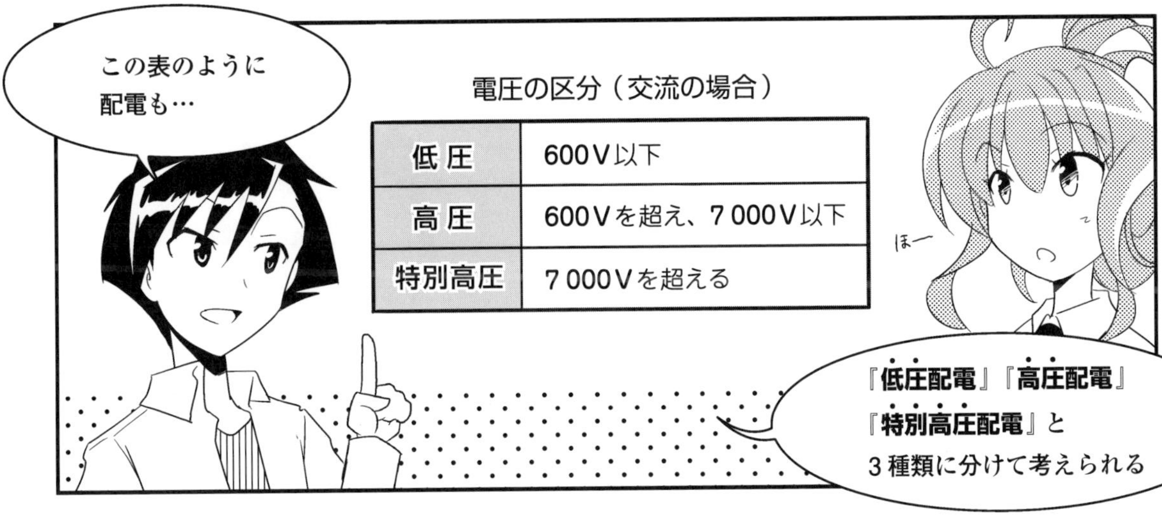

電圧の区分（交流の場合）

低圧	600V以下
高圧	600Vを超え、7 000V以下
特別高圧	7 000Vを超える

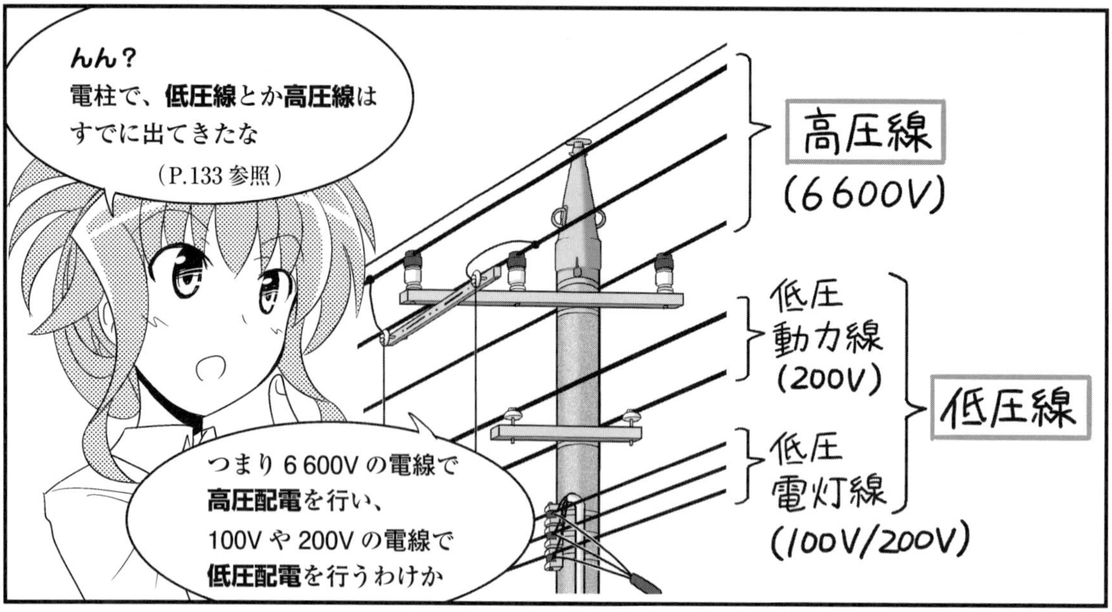

んん？
電柱で、低圧線とか高圧線は
すでに出てきたな
(P.133 参照)
高圧線
(6600V)
低圧
動力線
(200V)
低圧
電灯線
(100V/200V)
低圧線
つまり 6 600V の電線で
高圧配電を行い、
100V や 200V の電線で
低圧配電を行うわけか

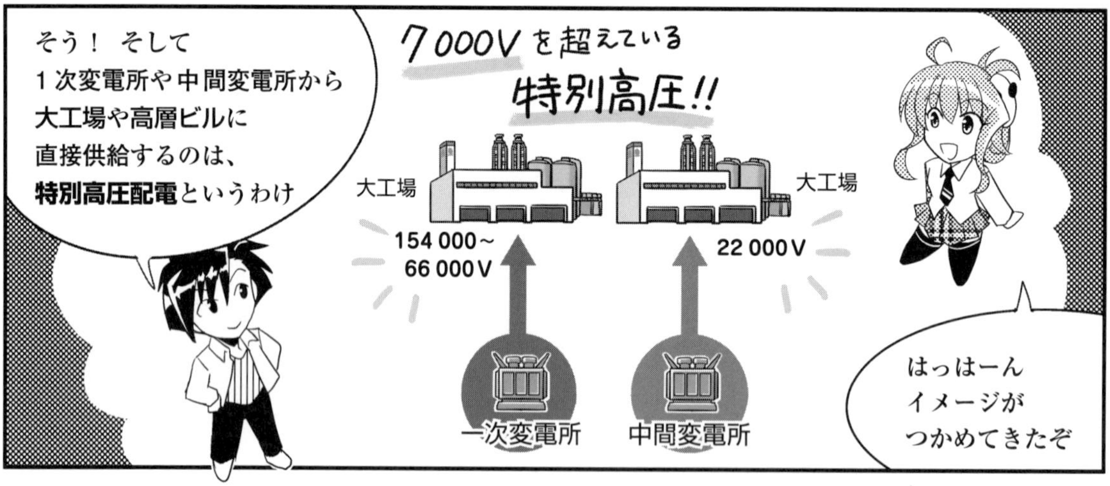

そう！ そして
1 次変電所や中間変電所から
大工場や高層ビルに
直接供給するのは、
特別高圧配電というわけ
7000Vを超えている
特別高圧!!
大工場
154 000～
66 000 V
一次変電所
大工場
22 000 V
中間変電所
はっはーん
イメージが
つかめてきたぞ

なんだ簡単だなもっと詳しく話せ！
このユユモちゃんが
しっかりと聞いてやるぞー！！
あーはいはい
いっそ清々しいぐらい
偉そうだなお前

低圧配電、高圧配電、特別高圧配電

低圧
高圧
特別高圧

低圧配電

では、順番にどんどん説明していくよー！
低圧配電では、「高圧配電の 6 600V」を柱上変圧器によって、変換する。
『**単相３線式 100V／200V**』と『**三相３線式 200V**』に変換してから供給するんだ。

「単相３線式 100V／200V」は、**電灯**用（蛍光灯や小型機器）として、**一般家庭や商店向け**。
「三相３線式 200V」は、**動力**用（モータ）として、**小規模の工場向け**だね。

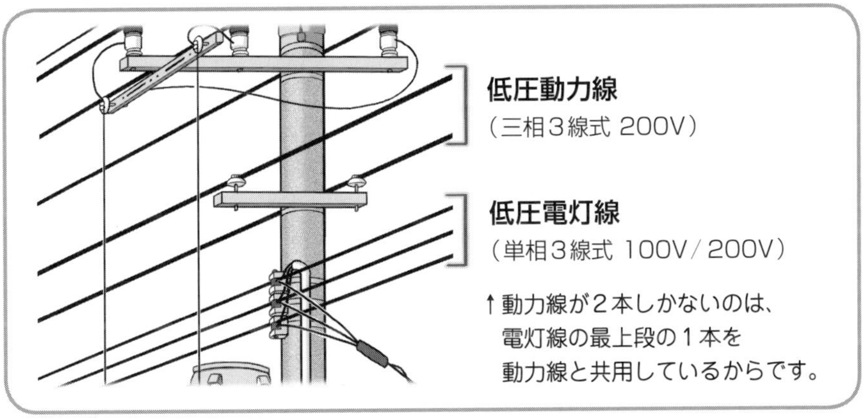

低圧動力線
（三相３線式 200V）
低圧電灯線
（単相３線式 100V／200V）
↑動力線が２本しかないのは、
電灯線の最上段の１本を
動力線と共用しているからです。

なるほど。最初に出てきた『**低圧動力線**』『**低圧電灯線**』とは、それぞれそんな意味だったのか（P.133 参照）。
一般家庭に一番関係あるのは、**低圧電灯線**というわけだな。

高圧配電

高圧配電には、電柱の高圧線である**三相３線式 6 600V** が用いられるよ。
また、高圧配電の**供給方法**としては、『**樹枝《じゅし》状方式**』や『**ループ方式**』がある。

むむ！？ 供給方法だと？ また、面倒そうな単語が出てきたな。

供給方法ってのは、要するに「**電線の経路**」とか「**電線の網の張り方**」だよ。
イメージ図を見てもらうと、わかりやすいかな。ほら！

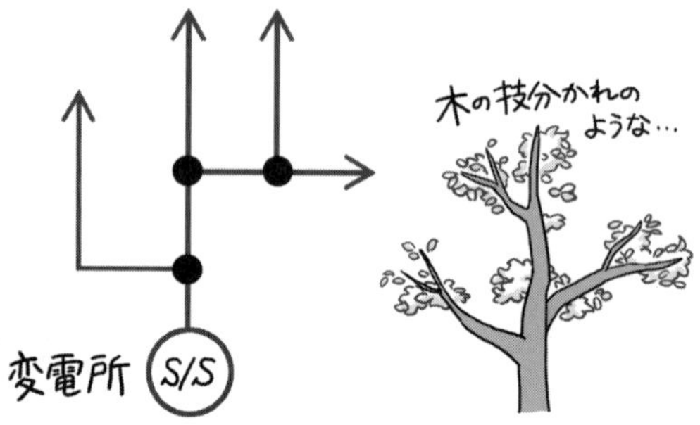

長所は、需要増加に柔軟に対応できること。故障部分の分離が簡単。コストが安いこと。

短所は、他の方式よりも電圧損失・電圧変動が大きくて、信頼度が低いこと。

樹枝状方式のイメージ

ふむ。『**樹枝状方式**』は、幹から枝分かれするように電線が分岐していくのだな。
確かに名前の通り、樹の枝のようだ。

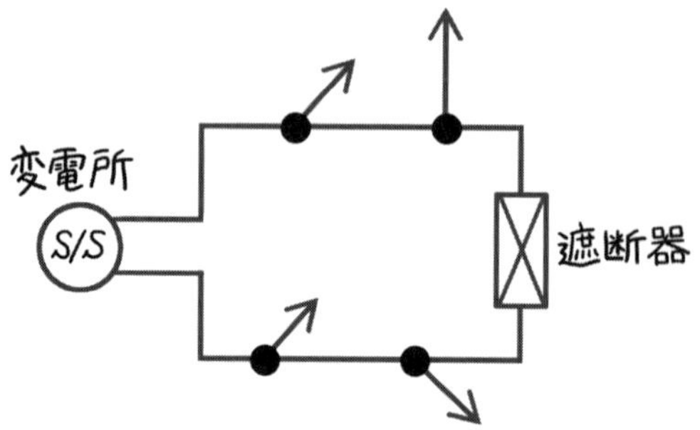

長所は、電圧降下・電力損失が少ないこと。
部分的な故障があっても、電力供給できること。

短所は、信頼度は高いけれど、保護するのが複雑なこと。

ループ方式のイメージ

一方『**ループ方式**』は、１つの変電所からの**２回線の配電線**を、ループ状に接続したものだ。
どこか故障しても、逆方向からぐるっと回っていって電気を供給できる！
だから、都市などの負荷密度が大きい地域に適しているよ。

特別高圧配電

特別高圧配電は、**電力需要増大**に対応するために生まれた方式で、**三相３線式 22 000V** や **66 000V** が用いられるよ。
供給方法は、樹枝状方式やループ方式のほか、『**スポットネットワーク方式**』と『**レギュラーネットワーク方式**』だ。

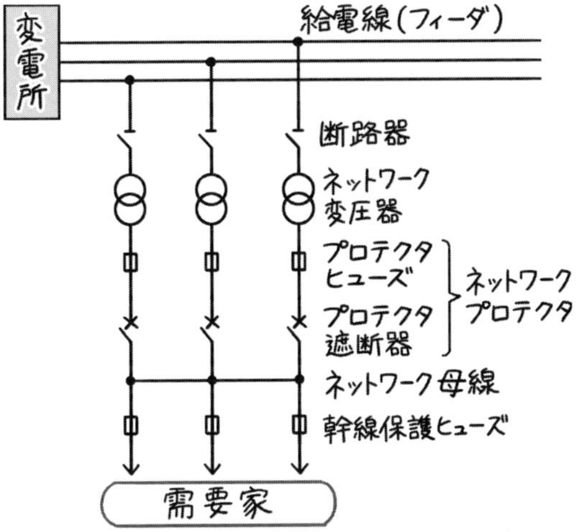

変電所
給電線（フィーダ）
断路器
ネットワーク変圧器
プロテクタヒューズ
プロテクタ遮断器
ネットワークプロテクタ
ネットワーク母線
幹線保護ヒューズ
需要家

スポットネットワーク方式

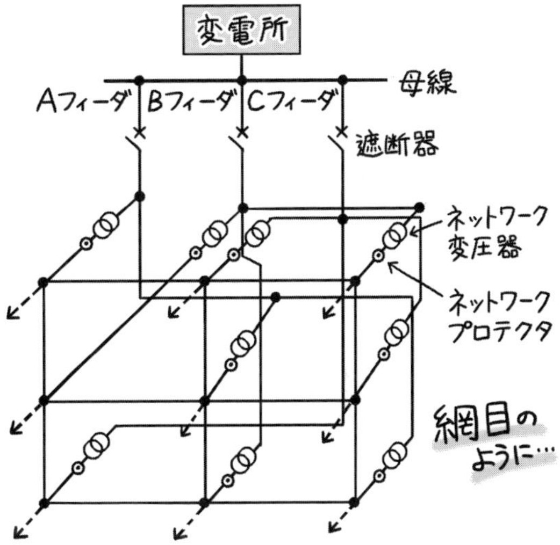

変電所
母線
Aフィーダ
Bフィーダ
Cフィーダ
遮断器
ネットワーク変圧器
ネットワークプロテクタ
網目のように…

レギュラーネットワーク方式

長所と短所は、どちらにも共通しています。
長所は、１回線が故障しても、他の回線を使って電力供給できること。
短所は、建設費が高いこと！

『**スポットネットワーク方式**』は、巨大ビルなど**大口需要家１ヶ所**に適している。
変電所から**２～３回線の配電線**（＝給電線、フィーダ）で受電して、変圧器の二次側（出力側）を並列にする方法なんだ。
２回線あるから予備にもなって、絶対に停電したくない施設に向いている。

『**レギュラーネットワーク方式**』は、負荷密度の大きい**大都市の繁華街といった地域の一般低圧需要家**を対象としている。
変電所から**２～３回線の配電線**（＝給電線、フィーダ）で受電して、**網目状**の配電幹線に供給していく方法なんだ。網目のように、張り巡らせていく感じだな。

「スポット」は、スポットライトみたく特定の点という意味で、大口需要家１ヶ所向き。一方の「レギュラー」は、地域を広くカバーするんだな。理解したぞ！

2　家庭内での電気の流れ

屋内配線

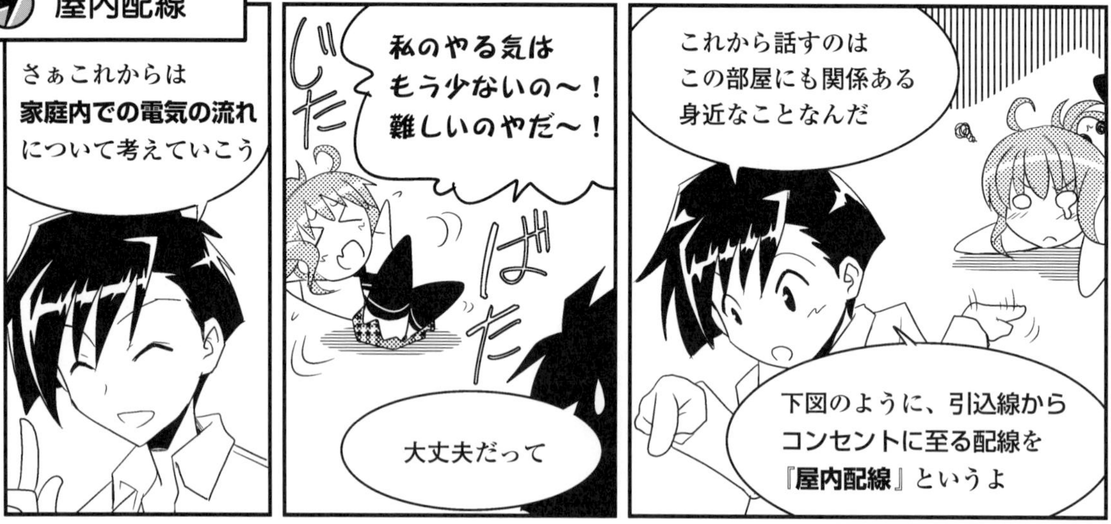

さぁこれからは
家庭内での電気の流れ
について考えていこう
じた
私のやる気は
もう少ないの～！
難しいのやだ～！
ばた
大丈夫だって
これから話すのは
この部屋にも関係ある
身近なことなんだ
下図のように、引込線から
コンセントに至る配線を
『**屋内配線**』というよ

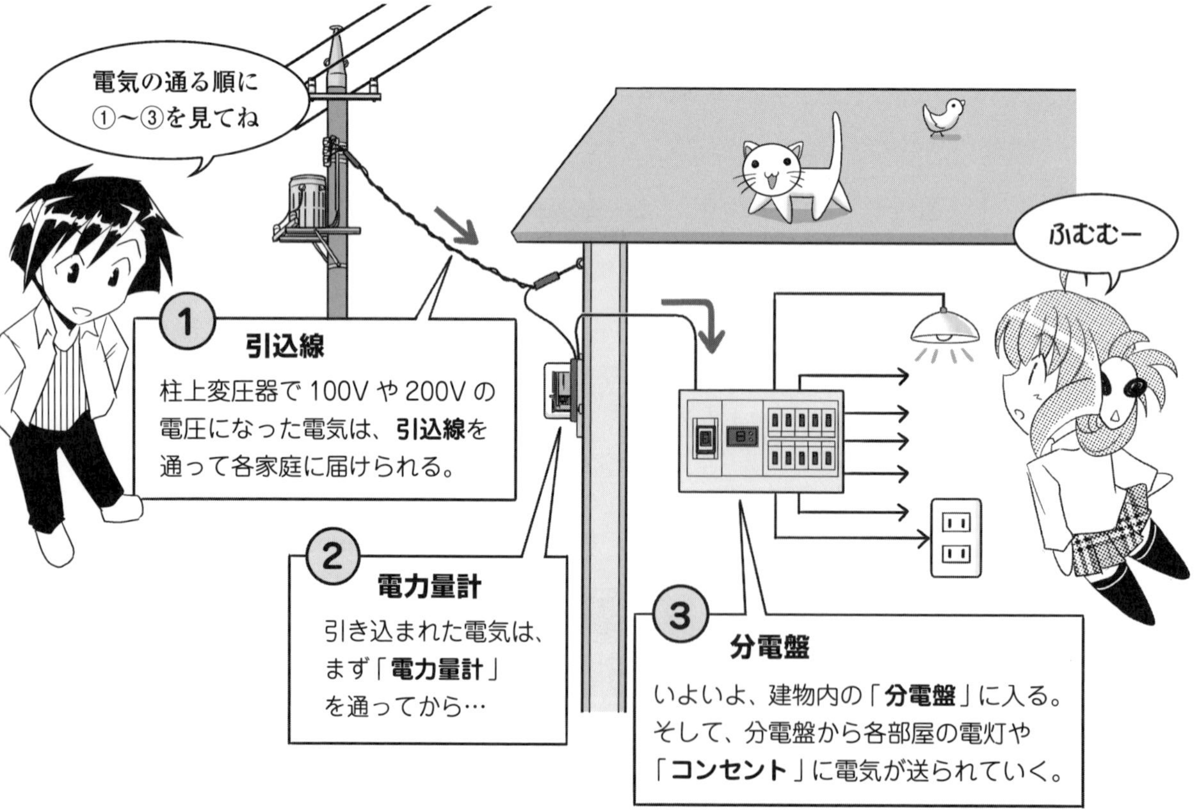

電気の通る順に
①～③を見てね
ふむむー
1
引込線
柱上変圧器で 100V や 200V の
電圧になった電気は、**引込線**を
通って各家庭に届けられる。
2
電力量計
引き込まれた電気は、
まず「**電力量計**」
を通ってから…
3
分電盤
いよいよ、建物内の「**分電盤**」に入る。
そして、分電盤から各部屋の電灯や
「**コンセント**」に電気が送られていく。

なるほどー
それらなら確かに
この部屋で見かけたぞ
んーと…
電力量計は
屋外の
ドアの近く…
分電盤は
室内の壁の
上のほう…
コンセントは
あちこちに
あるな！
へぇ　意外と随分
勉強熱心なんだな
そりゃあもう
お前が外出している間に
部屋の隅々まで見物させて
もらったからなあ……
隅々まで
くっ　くっ　くっ　くっ
何を！？

電力量計

そ、それでは実際に
見ていくことにしよう
『**電力量計**』は
その名の通り
電力量を測る装置なんだ
円盤に注目！
電気を使用していると
この**円盤が回転**※するから、
その回転数をもとに
消費電力が積算される
つまりこれを壊せば
電気代を払わなくて
済むというわけか…
にやり
やめれ！
電気代はおろか
修理代まで
払うことになる！！

※円盤が回転する原理などは、P.169で詳しく説明します。

冗談だ並木
これはアレだな？
その通りだけどさ
お前は俺がいない間
どんだけテレビ見てんだよ
「**電気メーターが回っている…**
居留守を使ってるな」ってやつだ
ドラマで見たぞ！
他にやること
ないのか。

分電盤

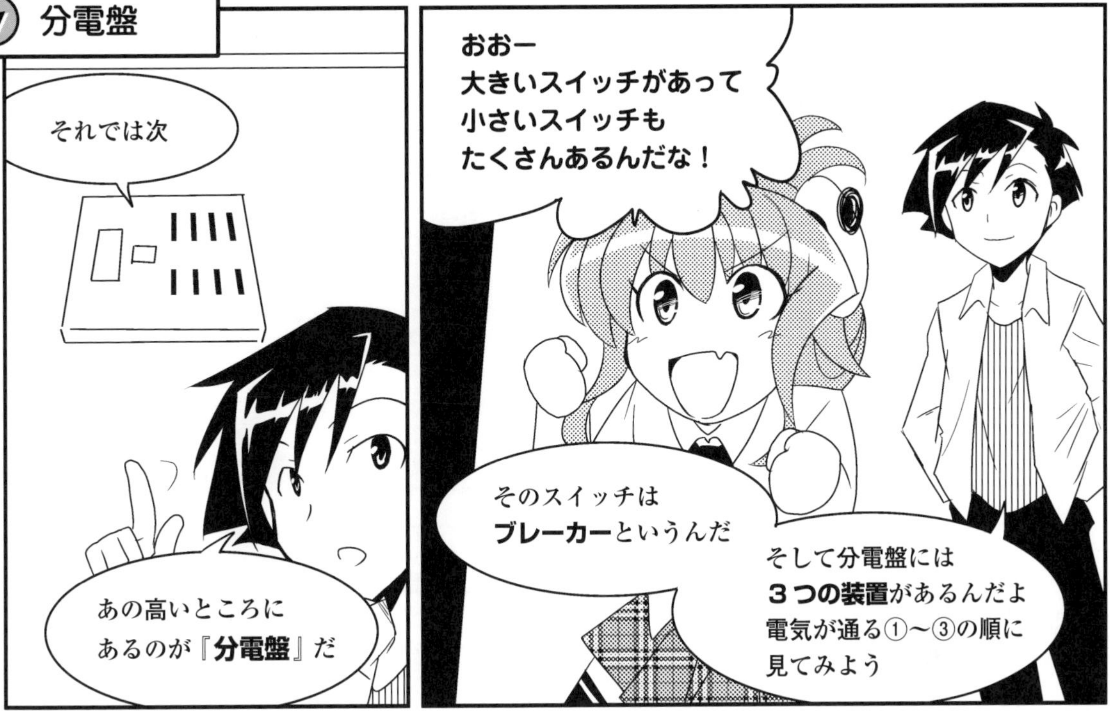

それでは次
あの高いところにあるのが『分電盤』だ
おおー 大きいスイッチがあって 小さいスイッチも たくさんあるんだな！
そのスイッチは ブレーカーというんだ
そして分電盤には ３つの装置があるんだよ 電気が通る①～③の順に 見てみよう

① アンペアブレーカー（電流制限器）

電力会社との**契約**以上の電気を使ったとき、自動的に電気を止める。

② 漏電《ろうでん》ブレーカー（漏電遮断器）

漏電が起きてしまったとき即座に異常を感知して、自動的に電気を遮断する。

③ 回路別ブレーカー（配線用遮断器）

屋内の配線は、いくつかの回路に分かれている。それぞれの回路で**一定以上の電流**（一般に 20A）が流れると、自動的に回路を遮断する。

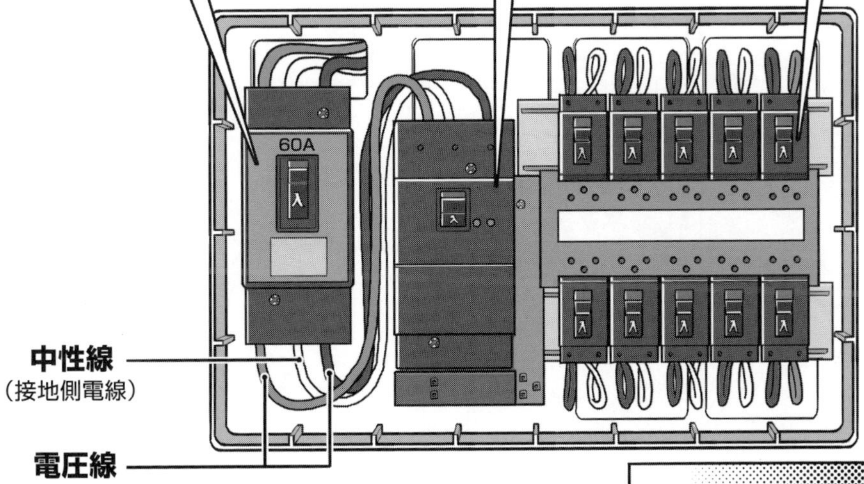

60A
中性線
（接地側電線）
電圧線

※アンペアブレーカーは、契約の大きさや電力会社によって、取り付けない場合があります。

次ページ以降で、さらに詳しく説明していきます。

んん～……
『①アンペアブレーカー』についてだが…
電力会社との契約とはいったい…
電気
ゴゴゴゴ
まさか電気を止められ魂も奪われるというのか…
おい！お前はＳＦジャンルだよな宇宙人？
何このイメージ!?
ほら、アンペアブレーカーをよーく見ると「60Ａ」など書いてあるそれが契約アンペアだ
60A
入
この場合60Ａ以上の電流が流れると…
?
ブレーカーが落ちてこうなる
バツン
暗っ！？
なるほど…では次『②漏電ブレーカー』の漏電とはなんだ？
パッ
あ 電気ついた
電気が漏れるのか？
まあ文字通りそんな感じだな
配線コードが傷ついて電気が外に漏れだしてしまったり
電気設備・器具の故障で漏電が起きてしまう
漏電！
コードかじっちゃった…
うめぇ

なっなんという危険がピンチ！
感電事故や火災が発生し
それが原因で地球が滅亡！！！
ああうん
危機感持つのは
大事だねー
てなわけで
漏電ブレーカーは
重要な役割を果たす
ちなみに、漏電を察知する
しくみはこんな感じ

漏電ブレーカーの原理

行きも帰りも
電流の量が
同じ。
漏電！
漏れてしまった分
だけ、帰りの
電流が少ない！

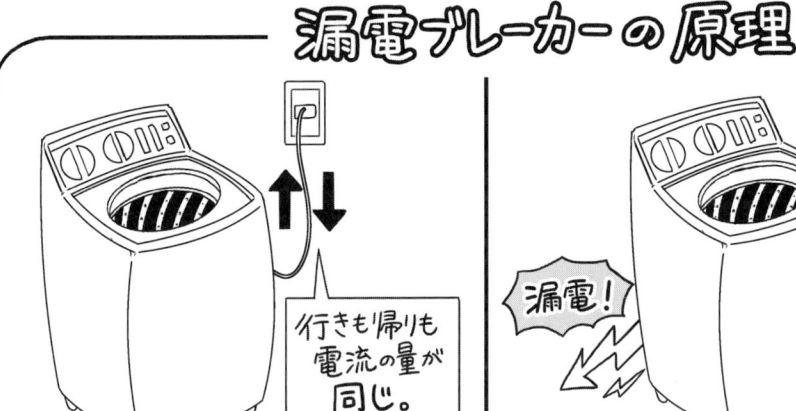

電源から出発した電気は、負荷（電気製品）に流れた後、必ず元の電源に戻ってきます。
つまり正常であれば、**行きと帰りの電流の量は同じ**です。

しかし、配線や電気製品のどこかで漏電があると、その分だけ帰りの電流が減ります。
漏電ブレーカーは、**行きと帰りの電流の差を検出して、瞬時に異常を察知**するのです！

かっこいいな
漏電ブレーカー！
私たちは
知らない間に色々な装置に
守られているのか…
さて最後は『③回路別ブレーカー』
実は、電気は回路別ブレーカーの中で
さらにいくつかに分岐されるんだ
なにぃ！？
また分けて配られるのか！？

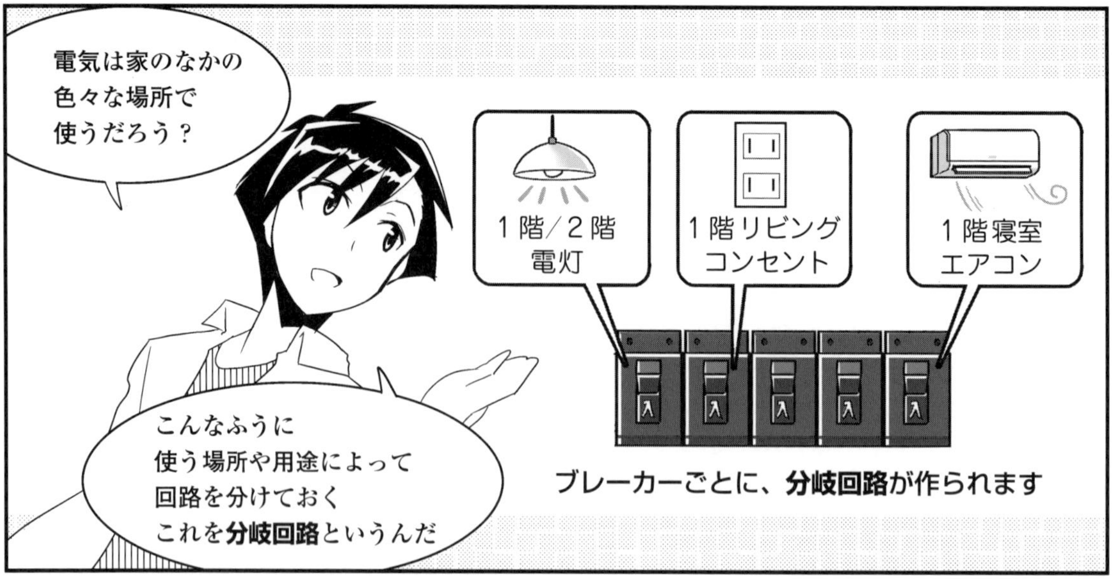
電気は家のなかの色々な場所で使うだろう？
1階/2階 電灯
1階リビング コンセント
1階寝室 エアコン
こんなふうに使う場所や用途によって回路を分けておく これを分岐回路というんだ
ブレーカーごとに、分岐回路が作られます

…確かにこの狭苦しいアパートの部屋ですら電気を使う場所はいくつもあった…
う〜む…
狭苦しくて悪うござんしたねー！ もともと独り暮らし用なの 二人もいたらそりゃ狭いのー！

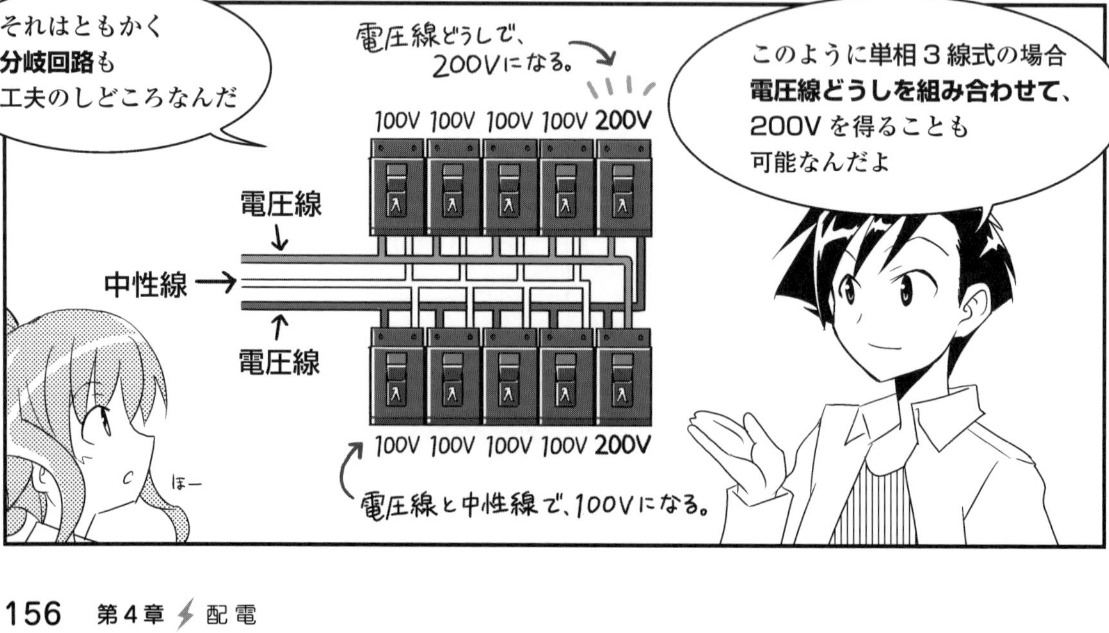
それはともかく分岐回路も工夫のしどころなんだ
電圧線どうしで、200Vになる。
100V 100V 100V 100V 200V
電圧線
中性線
電圧線
100V 100V 100V 100V 200V
電圧線と中性線で、100Vになる。
このように単相3線式の場合 電圧線どうしを組み合わせて、200Vを得ることも可能なんだよ
ほー

ああ！
確かに以前そういう
回路図を見たな
（P.137 参照）
200V は消費電力が大きい
「エアコン専用」などの回路に
しておくと便利なんだ
こんな
ふうに
僕は電力が
たくさん必要だから
専用回路がいいな
エアコン
200V
コンセント
他の電気製品と一緒とか
無理だし！
私専用の回路が欲しいわ
200V
コンセント
ＩＨクッキングヒーター
なーるほど
消費電力が大きいものに
専用の回路を割り当てれば
ブレーカーが
落ちにくくなると
いうわけか…
……
なんかワガママっぽくて
イラっとするなあ
やめぃ！
なんという
近親憎悪！
百歩譲ってイラっとするのはいいけど
ビームとか撃つなよ頼むから！

3 コンセント

……想えば遠くへ来たものだ……
出発した時には不安もあった
だがこうして無事にたどり着けて本当に良かった…
なあ 電気
何やってんだお前！？
なんだせっかく遠い宇宙からきた私の身の上と遠い発電所からきた電気の姿を重ね合わせて感傷に浸っていたというのに
それでコンセントに向かって遠い目で話しかけてるとか色々な意味で心配になるから
思わず病院に電話しようとしたけど宇宙の人って地球の病院で大丈夫かと踏みとどまってよかったのかどうか
失礼な奴だな！健康保険証はちゃんと持っているぞ！
どうやって発行されたの！？
まあいいや それじゃいよいよ **コンセント**の話をしようか

100V、200Vのコンセント

何度か話したように
「単相２線式」と「単相３線式」
では**得られる電圧**が違うんだ
まとめると
このようになる
昔は**単相２線式**が
主流だったけど、
最近の家庭では電気の消費量も
増えたから**単相３線式**が
普及してきているんだよ

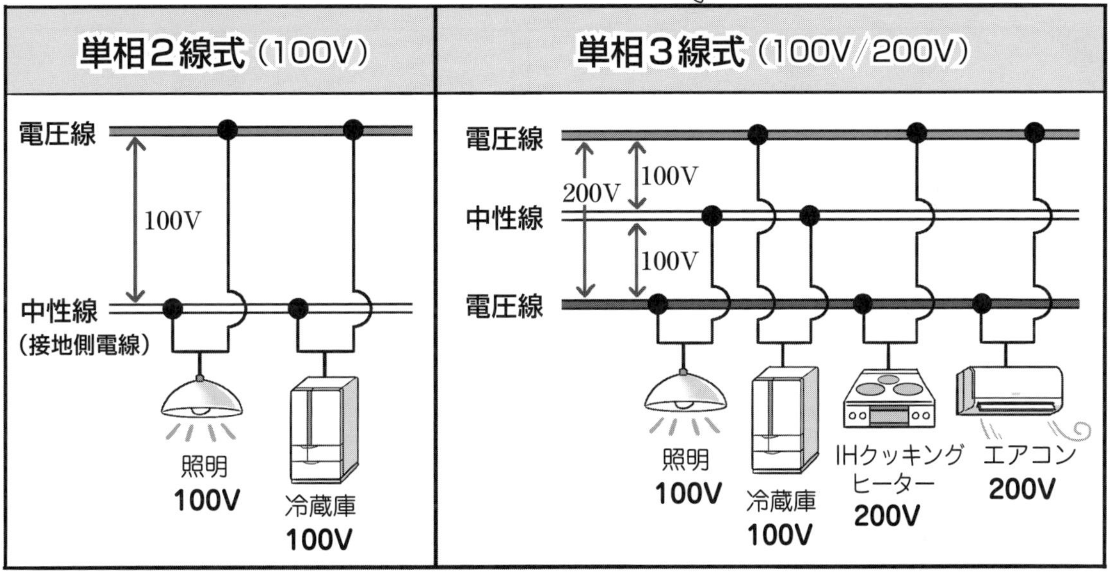
単相2線式（100V）
電圧線
100V
中性線
（接地側電線）
照明
100V
冷蔵庫
100V
単相3線式（100V/200V）
電圧線
200V
100V
中性線
100V
電圧線
照明
100V
冷蔵庫
100V
IHクッキング
ヒーター
200V
エアコン
200V

ふむふむ
中性線と**電圧線**の
取り方によって…
100Vと200Vが
得られるのだったな
（P.137とP.156参照）
よし！！
完璧すぎる記憶力だ
さらにもう少し話があるぞ
100Vと200Vでは
コンセントの形も違うんだ

コンセントの形状は
こんなふうに
色々あるんだよ
単相100V
単相200V
15 A
20 A
15 A
20 A
接地極
(アース用の穴)
接地極付きのコンセントもあります。
洗濯機やエアコンなどは、接地（アース）が必要です。
ほうほう
面白いなー
こういうの
でもやっぱり私は
スタンダードなのが
一番好きだな
変に口みたいなのが
ついてるよりも
よっぽど可愛いぞ！
化物?
ではそんなユユモに
質問タ－イム！
ふえ！？
いきなり!?
よーっく見ると
コンセントの穴は
左右で長さが違う
左側の方が長い！
これはナゼ
でしょうか！？
左
右
注目!

よしわかったぞ
答えはこうだ
左のほうが牛乳を
たくさん飲んだからっ！
ショートして大惨事だよ！
コンセントに牛乳注ぎ込むとか
どんなテロ行為だ！！
この長さの違いはね
左側には中性線を取り付ける
という決まりがあるからなんだ
左
右
中性線
(接地側)
電圧線
(非接地側)
中性線……
接地されている電圧線
のことか（P.138 参照）
そう！ だからもし
銅線を左の穴に挿しても
感電はしないだろう
右側だと
感電してしまうけど…
なるほどわかった！
慎重派は左
スリルを味わうなら
右に挿すのだな！
挿すな！！

あと
差し込みプラグの方に
注目してみよう
ここに
穴が開いているね

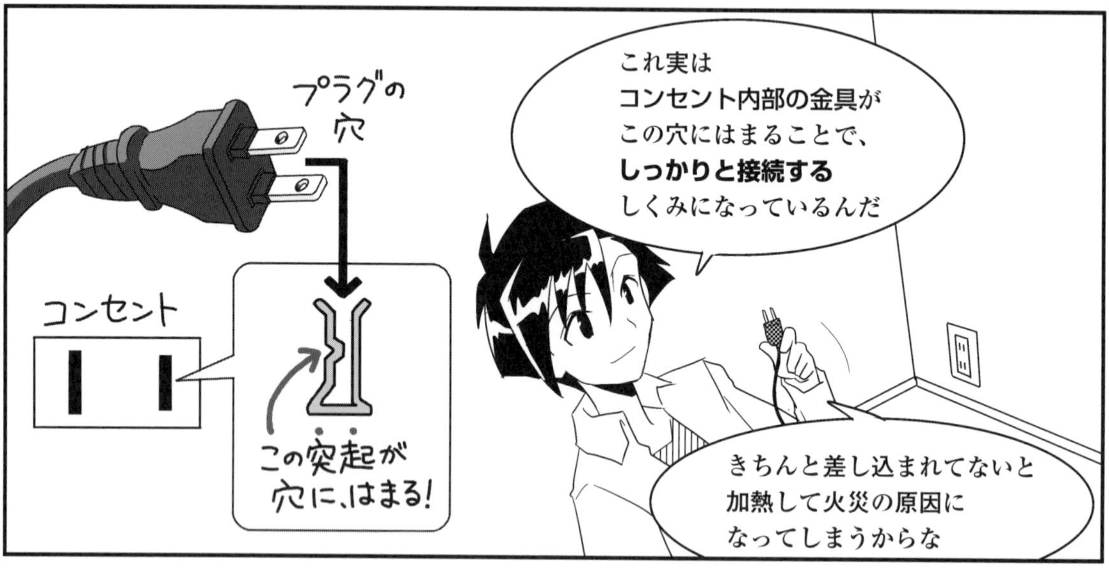
プラグの
穴
コンセント
この突起が
穴に、はまる!
これ実は
コンセント内部の金具が
この穴にはまることで、
しっかりと接続する
しくみになっているんだ
きちんと差し込まれてないと
加熱して火災の原因に
なってしまうからな

そうか…
こんな小さな穴にも
知恵と工夫が込められているのか
なかなか健気だな
地球人!

がんばれコンセント!
宇宙はお前の味方だぞ!
聞いているか!
お前が
聞いてるか
だよ!
だからそれ
やめろ!

世界のコンセント

さて、ここで世界のコンセント事情も紹介しよう。
ほら！　こんなふうに世界には、**色々なコンセント**のプラグ形状があるんだ。

タイプ	A	B	C	B3	BF	SE	O
形状		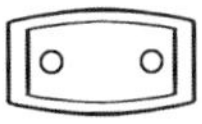	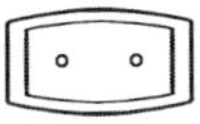			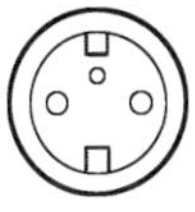	

日本では、どこに行ってもAタイプを見かけるよね？
でも、海外では違う。
例えばタイだと「A，C，BFの３種類」が使われているんだよ。

はー。タイの人も、いろんな形状のコンセントを使いたいんだろうなあ。
…使いタイんだろうなあ！　なあ！！？

……。さて、ここでちょっと豆知識だ。
ユユモが、日本製の電化製品を持って、タイに旅行に行ったとしよう。
そこで、日本と同じAタイプのコンセントを見かけても、**気軽に使用してはいけない**。

なぜだ？　穴の形が同じなのだから、使っても平気だろう？
やだーやだー、ユユモちゃん、タイで電気製品を使いたいのだー。

まあ聞いてくれ。実は日本と海外では、**電圧についても違いがある**んだよ。
次の世界地図をじっくり見て欲しい。

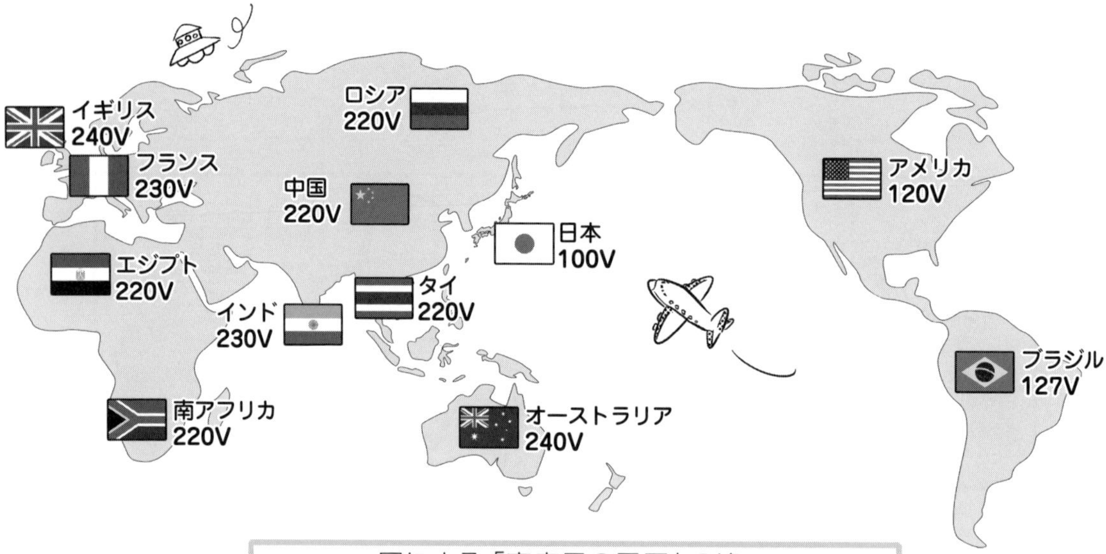
イギリス
240V
フランス
230V
エジプト
220V
南アフリカ
220V
インド
230V
ロシア
220V
中国
220V
タイ
220V
日本
100V
オーストラリア
240V
アメリカ
120V
ブラジル
127V

国による「家庭用の電圧」の違い

おぉ？ 日本では、**100V** が「**家庭で使う電圧**」の主流なのに…。
海外では違うのだな。220V の国もあったり、さまざまだ。
つまり、他の国に炊飯器を持参しても使えないのか。無念すぎる…。

なぜ炊飯器！？？
まあ、そーゆーわけで、タイ、フィリピンなどでは、日本と同じAタイプ形状のコンセントもあるけれど、電圧は 220V なんだ。
だから無理矢理使うと、壊れてしまったり煙が出たりする…と思う。

ただ、どうしても日本製品を使いたい場合は、**ステップダウントランス**というものを利用して 100V に変圧することで使用可能となるよ。
あと、**マルチボルテージの製品**※はそのまま使えるね。
※製品に AC100-120V/AC200-240V（電圧自動切替式）のように書いてあるもの。

むむう、残念ながらこの炊飯器はそうではないようだ。
だが、並木のノートパソコンの AC アダプタには「INPUT:100-240V, 50-60Hz」と書いてあるな。並木のくせに、なまいきな！

おー、これなら海外でも使えそうだね。
でも、プラグからアダプタまでのケーブルが 100V までしか対応していないものがあるので、よく確認してから使おう。…って、海外旅行の予定ないけどな。

さて
そんなこんなで
コンセントの話も終わり
これで**発電・送電・配電**を
一通り学んだことになるね
……もう終わり？
何もかもこれで
終わってしまうと
いうのか！？
なんだその
世界の終わりみたいな
リアクションは…
まだもう少し…
あと一回は
教えたいことがあるんだけど
そ、そうか！
なら話を聞いてやらん
こともなくはないぞ！

電気のことを学び終えれば
ここにいる必要が
なくなってしまう…
だからさっき
私はあんなに
動揺してしまったのか…？
まさか私は
この地球人のことを…
いや、ないないないない
それはない！
……
でも……
寝顔でも
撮影してやるか…
これはあれだその
単なる地球の記録として
この無防備な間抜け面をだな
決して！
……本当に無防備だな
こいつは……

んぁ？
ウィィーーーン
キチキチキチ
！！？？
ちょっおまユユモ！？
なに人の寝顔に
その殺戮兵器を
向けてんの！？
いっいや違うぞ並木
これはだな
前も言ったように
色々な機能が
ありとあらゆる
残虐機能搭載！？
恐るべし宇宙的猟奇！！
いいから黙れ
話を聞け寝坊助！！
いやああああああ
こっちに向けないで～！！
だから
違う――――！！

フォローアップ

◆ 電力量計

電気料金を計算するためには、**使用した電力量を測定する**必要があります。

そのため、各家庭やビルなどには必ず**電力量計**が設置されているのです。変わったところでは、ビル内の自動販売機（ビル所有者に、自動販売機設置業者が料金精算する際に使用する）でもみられます。

さて、ここで単位について少し考えてみましょう。

電力量の単位は、原則として〔W·h〕（ワットアワー）や〔W·s〕（ワットセコンド）です。単位の構成からわかるように、家電製品に書かれる消費電力〔W〕と、時間〔h、または s〕の積を積算した総量です。式で表すと、一般には以下のようになります。

電力量 W〔W·s〕= 電力 P〔W〕× 時間 t〔s〕= 電圧 V〔V〕× 電流 I〔A〕× 時間 t〔s〕

電力系統において電圧は一定なので、電流の量がわかることによって電力量を求めることができます。

しかし、これでは実際の使用量には見合わないため、**〔kWh〕**（キロワットアワー）が広く使用されています。キロワット〔kW〕はワット〔W〕の1 000倍を意味し、1時間を表すアワー〔h〕は1秒のセコンド〔s〕の3 600倍を表します。

そのため、1〔kWh〕= 3 600 000〔W·s〕となります。

一般家庭用の電力量計は、交流の有効電力（消費電力）を計測する『**誘導型電力量計**』がもっとも使用されています。誘導型電力量計は、「**アラゴの円盤**」の回転を利用し、**円盤の回転数によって電力を積算する**ことで、電力量を数値化します。

アラゴの円盤とは、アルミや銅など磁石に吸い寄せられない物質を円盤にして、磁石を近づけ回転させることで、つられて円盤が回転することです。

概念図を次ページに示します。

「アラゴの円盤」の原理

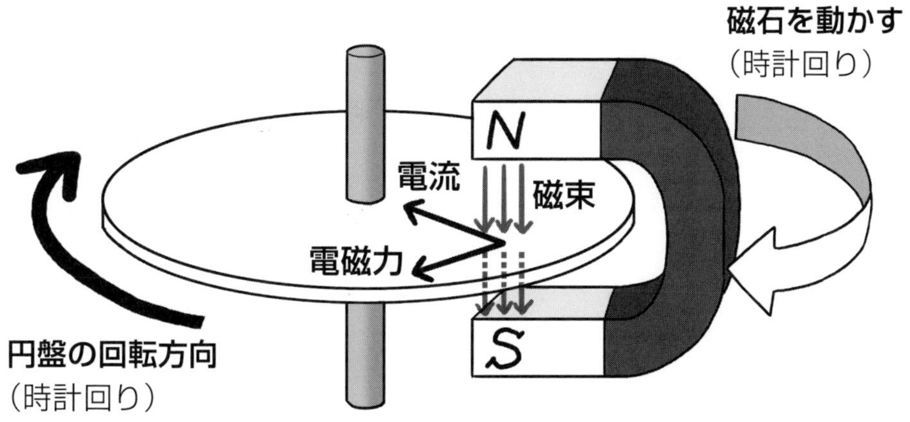

磁石を動かす
（時計回り）
N
電流
磁束
電磁力
S
円盤の回転方向
（時計回り）

1. 磁石を時計回りに動かすことで、円盤上を**磁束**が移動して、磁束が円盤を切る。
2. フレミングの右手の法則により
   誘導起電力が生じ、円盤の抵抗により**電流**（渦電流）が流れる。
3. フレミングの左手の法則により
   電流と磁石の磁束の間に、**円盤を時計回りに引っ張る電磁力**が生じる。
4. 円盤は、磁石の移動方向に回転する。

電力量計では、磁石の部分を電磁石にすることによって、移動磁界を作ることができます。これにより、磁石を移動させなくても円盤が回転するのです。

アナログ式の原始的な機構ではありますが、**機械的・電気的にも強く、長期間にわたり安定して使用できる**という特徴があり、現在でも広く使用されています。

誘導型電力量計を実際に見ると、右図のように円盤があることが、わかります。電力使用時には、円盤が回転する様子も確認できることでしょう。

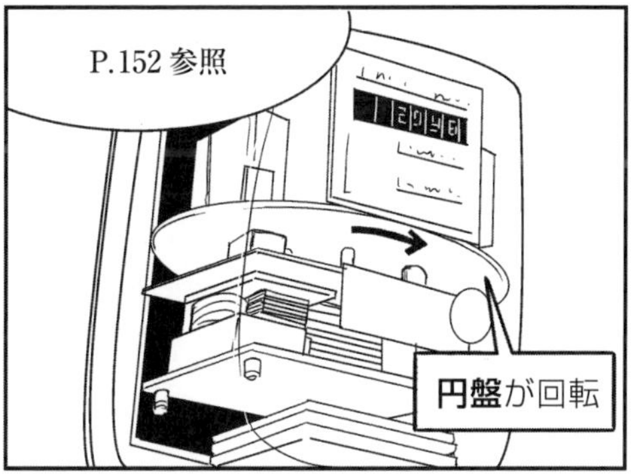

P.152 参照
円盤が回転

◆ 電子式電力量計

最近では回転円盤を使用した誘導型電力量計ではなく、『**電子式電力量計**』というものも存在します。

電子式電力量計は、有効電力（消費電力）を計測するだけでなく、付加機能によって「無効電力量、最大需要電力、平均力率」などの計測も可能となっています。

このように多機能であるのが特徴ですが、誘導型電力量計と比較すると実績も浅く、機械的・電気的にも弱いという欠点があります。しかしながら、現在では工場やビルを中心に、かなり普及しています。

原理は簡単で、瞬時電圧と瞬時電流の計測値をマイコンなど用いて時間的に積算しています。

◆ スマートメーター

『**スマートメーター**』とは、電子式電力量計に**通信機能**がついたものです。日本でも本格的な導入に動いています。

これまでの電力量計では検針の手間がありましたが、無線通信または電力線搬送通信を用いることで、遠隔地でも検針が可能となります。このほか付加的な機能として、家庭内の電力使用監視を行うことや、デマンドレスポンスを提供することも期待されています。

デマンドレスポンスとは、電力会社が顧客に対して使用量の削減を求めるしくみです。スマートメーターによって、電力使用量を逐次監視することによりこれが実現できるのです。

第5章

これからの電力供給

1　分散型電源とは？

ふぁ〜…
ガチャ
おはよう
並木ぃ……
おっ
おはよう…
なんだその
警戒っぷり！？
忍者!?
昨夜の事故が
そんなに
トラウマなのか！？
殺されかけて
怖がらない地球人は
そんなにいない！！
誤解するな
アレは…
アレ……は……

撮影していただけよ
並木さん
あなたのかわいい
天使のような寝顔を
えっなに俺のこと
フォーリン☆ラブなの？
じょーだんは
存在だけに
してくれ。
引くわ――。
言えるかッッッッ！！！！
？
そっそんなことより
早く授業を始めるのだ！
？
お おう
実は最後に話して
おきたいのは…
これからの未来
電力供給システムは
どうなっていくのか？
ということなんだ
これからの…
未来？

集中型電源と分散型電源

まずは
今まで学んだことの
おさらいだ
今現在の発電は
火力・水力・原子力
いずれにしても
火力
水力
原子力
需要地から遠く離れた
大規模な発電所で発電して、
それから需要地まで
送電している
遠い道のり～～…
発電所
一次変電所
中間変電所
など…
需要地
うみ
やま
かわ
うむ
そうだな
電気は長い旅をして
コンセントまで、たどり着いた
そのことをしっかりと
学んできたぞ
でもこれから先は
そのシステムも大きく
変わるかもしれない…
むむ？
どういうことだ？

『太陽光発電』や『風力発電』は、ユユモも聞いたことがあるよね
うむ 聞いたことくらいはな
これらは、大規模な火力・水力・原子力に比べると、比較的小規模な発電設備なんだ
こういう小規模な発電設備を需要地の近くに分散して配置する
太陽光発電
風力発電
そんな地域密着的な電力供給ができればすげー便利なんだよ
近い!
太陽光発電
風力発電
需要地
確かに便利かもな 送電ロス（P.97参照）が減らせるし、他にもメリットがありそうだ

このような小規模な
発電設備全般のことを
『分散型電源』というんだよ
こっち
あっちと
小規模だから、
需要地に隣接して
分散配置することが
できるんだ
火力・水力・原子力の
大規模な「集中型電源」に対して
太陽光・風力などは
「分散型電源」といえる
大規模な発電で
遠くまで届けるよ！
水力　火力　原子力
小規模な発電で
近くに届けるよ！
太陽光　風力
ほうほう
確かに今日学ぶ内容は
今までとは一味
違うようだな！
ところで並木…
分散型電源が
増えていったら
お前の大好きな…
すごく大きな鉄塔や
長い長い電線は
減っていくのでは？
おお
苦悩しとる苦悩しとる…

分散型電源の特徴、電力の自由化

ではここで、もう少し詳しく『**分散型電源**』について説明しておこう。
さっきは「太陽光発電」と「風力発電」のみを例に挙げていたけど、分散型電源には他にも色々な発電方法があるんだ。

太陽光、**風力**、**バイオマス**（P.76）、**小水力**（P.63）などの**再生可能エネルギー**を利用するのはもちろんのこと、**燃料電池**（P.72）や**ガスタービン**（P.72）などの**発電機**を使用する場合もある。

つまり発電方法にかかわらず、**小規模なミニ発電所**であれば、分散型電源といえるのだな。再生可能エネルギーだけが分散型電源とは限らない、と。

そういうこと！
で、分散型電源には以下のような**メリット**、**デメリット**が考えられる。

分散型電源について

メリット

① 送電設備を減らすことができる。
② 送電ロスを減らすことができる。
③ 再生可能エネルギーを導入しやすい。

デメリット

① 大規模発電に比べて、発電効率が落ちる場合がある。
② 燃料を、点在する設置場所に運搬することが必要なことがある。
③ 発電設備の故障時・メンテナンス時などの代替案を検討する必要がある。

なるほど。メリット・デメリット、どちらも納得できるな。
むむ～、実に悩ましいことだ。

さて今現在、日本では**分散型電源の設置が進んでいる。**
この背景には、**『電力の自由化』**の流れがあるともいえるだろうね。

んん？ 電力の自由化…？
それは一体どういうことなのだ？

うん。実は、日本では1995年の電気事業法の改正を皮切りとして、電力事業のあり方に**競争原理**が持ち込まれ、電力会社以外の事業者の参入が容易になったんだよ。

また、分散型電源の導入を促進するために、**規制の緩和**も行われている。
送電線は、今までは各地域の電力会社のみが独占していたけど、他の会社が利用することも可能となりつつあるんだ。
太陽光発電の工事には、**国の補助**などもあったりするよ。

ほぉー。電力に関する事業も、**独占ではなく競争**になっていくのか。
電力の自由化とやらが進めば、電力供給事情も少しずつ変化していってしまうのかもしれないな。

そうだねえ…。
現在は通常、発電も送電（配電）も各地域の電力会社が行っているけれど、将来的には「発電と送電を別の会社が行う」なんてこともありうるかもしれない。
ちなみに、発電事業と送電事業を分けることを**『発送電分離』**というんだよ。

「発送電分離」については、「**高品質で安価な電力を、きちんと安定供給できるのか**」などの課題も多い。
だから、簡単には結論が出せない難しい問題なんだけどね。

ふーむふむ。難しい問題ではあるが、何か変化が起きつつある…ということは、よくわかったぞ。

風力発電

では分散型電源について具体的に考えていこうか
くるくるー
まずは『風力発電』について
今までの発電を学んできたユユモちゃんの経験からいうと発電では「回転する力」が必要なのだ
そのくるくる回る部分が実にあやしいな！
その通り！風力発電では、風の力で風車（プロペラ）を回す
風車が回転すると発電機も動いて発電するってわけ
簡単な原理だなつまり強い力でぎゅんぎゅん風車を回してやれば
大きな電力が得られるというわけだ
風車が回転する力によって、発電機が発電する！
風
回転軸
発電機
回転！

そうだね　ではここで
風力エネルギーについての計算式
を紹介しよう
ちょっと
難しそうに見える
だろうけど…
大丈夫だ
問題ない！

風の流れ（動き）によって生まれる風力エネルギーは、運動エネルギーといえます。
運動エネルギーの公式により、質量 m、速度 V の物質の運動エネルギーは $\frac{1}{2}mV^2$ となります。

ここで、**受風面積** A〔m^2〕の風車について考えてみましょう。
この面積を単位時間あたり通過する**風速** V〔m/s〕の **風力エネルギー** P〔W〕は、
空気密度を ρ〔$\mathrm{kg/m}^3$〕とすると、以下のように表されます。

１秒間に受風面積を通る風の質量 $m=\rho AV$ であることがポイントです。

$$P=\frac{1}{2}mV^2=\frac{1}{2}(\rho AV)V^2=\frac{1}{2}\rho AV^3$$

P：風力エネルギー〔W〕　ρ：空気密度〔$\mathrm{kg/m}^3$〕
A：受風面積〔m^2〕　V：風速〔m/s〕

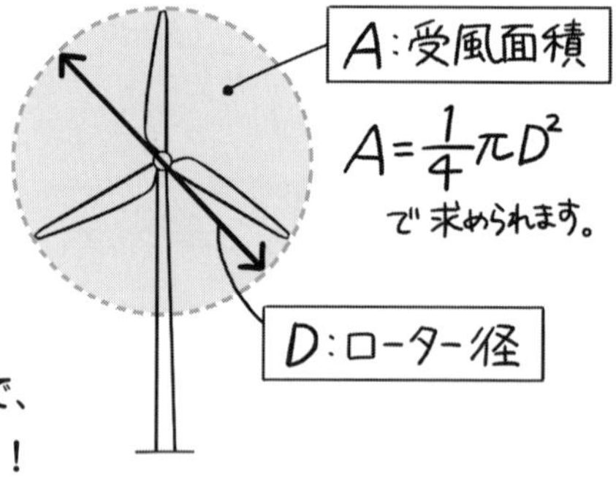
A：受風面積
$A=\frac{1}{4}\pi D^2$
で求められます。
D：ローター径

風速が２倍になると…出力はその３乗に比例するので、
出力（風力エネルギー）は８倍の大きさになるのです！

ぐー
寝るな！！
問題しか
なかった！
とにかく…風速が２倍になると
得られる**風力エネルギー**は
８倍になる！
そして風力エネルギーの
約25％を、電気エネルギーに
変換するんだ（P.53参照）
つまり**風が強い場所**に
設置すればいいんだな
風さえあればいくらでも発電できる
環境に優しく再生可能エネルギー
夢のような話だな！！

ただ、難しい
問題もあるんだ
＜風力発電機を設置するのに適した場所とは？＞
年間を通して、常に一定以上
の風が吹く
**※平均風速 6m/s
以上は必要！**
風力発電機を運搬する
ための道路がある
作った電気を
送るための、
送電線が近くに
ある
周辺地域に
迷惑をかけない
（騒音、生態系）
など…
このように
条件に合う設置場所を
見つけるのはかなり大変だ
そして
どんなに吟味した設置場所でも
風ってほら……
止まるよね
確かに
風が吹かなくなって
しまったら
夢というか悪夢…
自然の風に頼るから
どうしても**発電量**も
不安定になりそうだ…
むむ…
でも風車のある眺めも
ぜひ一度撮ってみたい
素晴らしい景観だよねー
また趣味か。

風車の種類

さて、風車は大きくは「**水平型**」と「**垂直型**」の２つに分類することができる。
下図のように「**発電機を回す軸が、地面に対して水平か垂直か**」という違いだ。

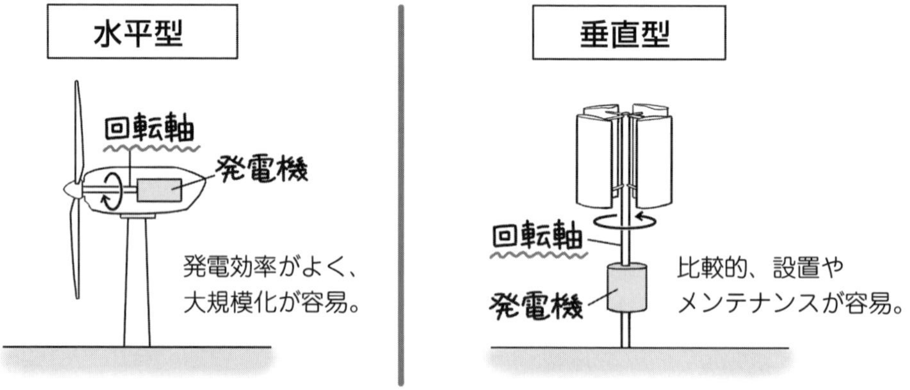
水平型
回転軸
発電機
発電効率がよく、
大規模化が容易。
垂直型
回転軸
発電機
比較的、設置や
メンテナンスが容易。

そして、**水平型風車**と**垂直型風車**について、いくつかの例も紹介するね。
風力発電では、水平型水車の**「プロペラ型」が主力**といえる。
ただ意外と、商業施設や街などで、垂直型風車を見かけることもあるよ。

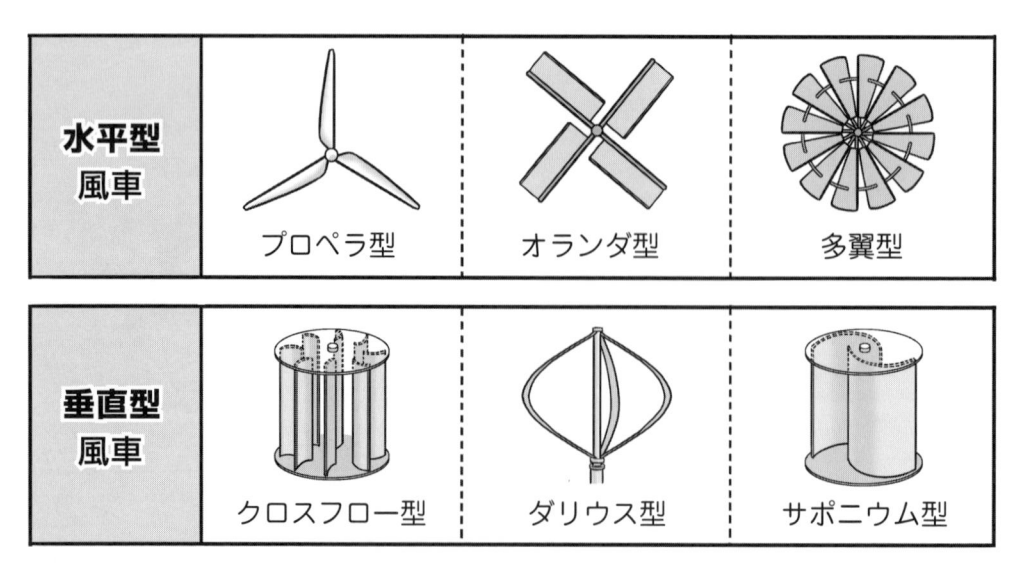

水平型風車	 プロペラ型	 オランダ型	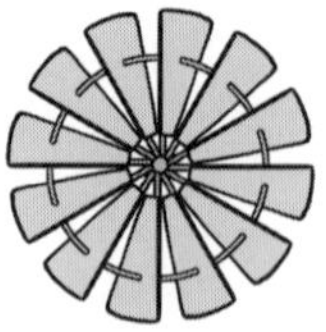 多翼型
垂直型風車	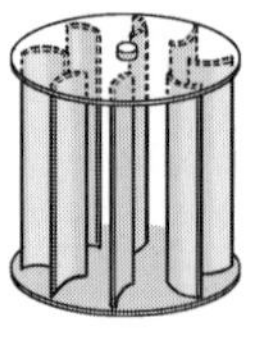 クロスフロー型	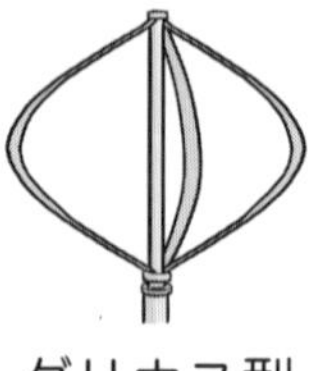 ダリウス型	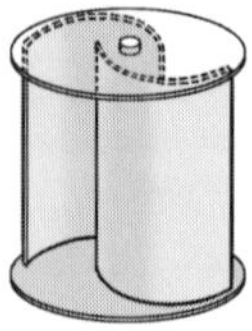 サポニウム型

ほほう、さまざまな形があるのだな。
小さめの風車なら、案外近所にもあるかもしれないな！

太陽光発電

では次は『太陽光発電』について
その名の通り太陽の光エネルギーを利用するんだ
そのために必要なのが太陽光パネル
ユユモもこういう平たいパネルを見かけたことはあるだろ？
ああ 家の屋根などに設置されているな UFOに乗ってるとよく見るぞ
太陽光パネルは「太陽電池」を並べたものなんだ
アレイ
セル（太陽電池）
モジュール
ふむふむ セルというのが太陽電池かー
アレイやモジュールとは何なのだ？

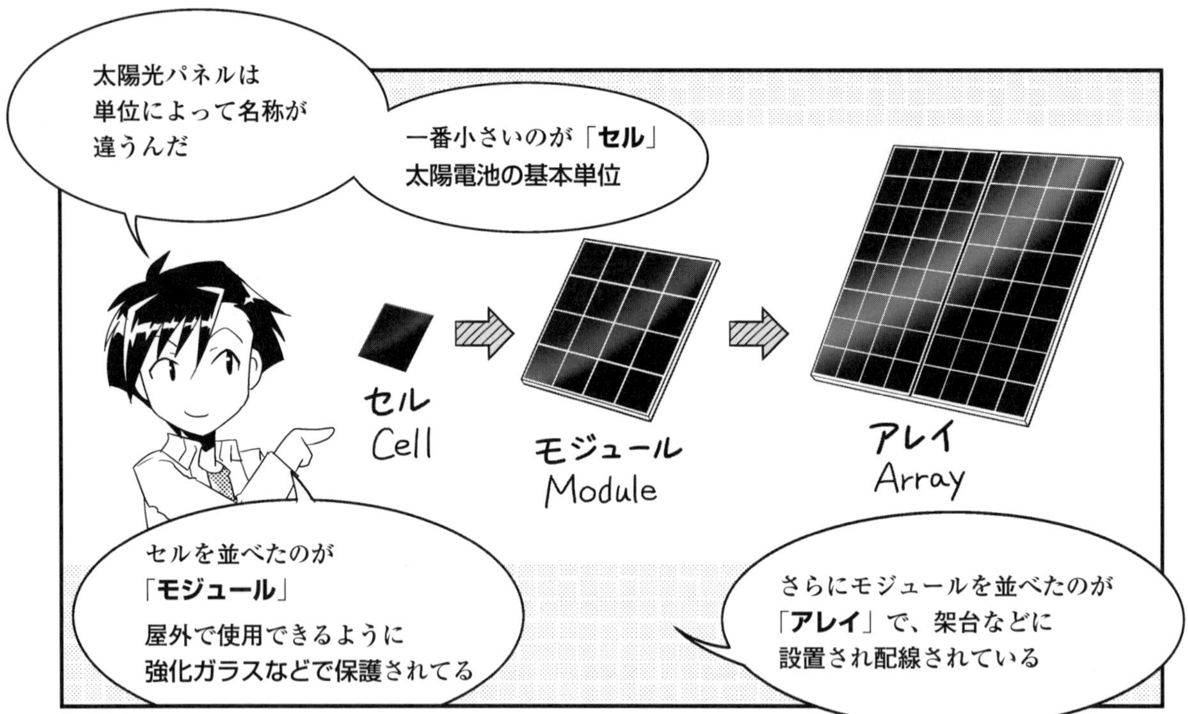
太陽光パネルは
単位によって名称が
違うんだ
一番小さいのが「**セル**」
太陽電池の基本単位
セル
Cell
モジュール
Module
アレイ
Array
セルを並べたのが
「**モジュール**」
屋外で使用できるように
強化ガラスなどで保護されてる
さらにモジュールを並べたのが
「**アレイ**」で、架台などに
設置され配線されている

セル
モジュール
アレイ
まるで
板チョコのようだな
1かけらがセル
そして板チョコを並べて
屋根の上にのせて
太陽光を当てる、と

……って
溶けてしまうー！？
光エネルギー
電気エネルギー
チョコが！
チョコじゃねぇし。
溶けねぇよ
太陽電池は
「太陽の光エネルギーを、直接
電気エネルギーに変換する」
しくみになってるんだ

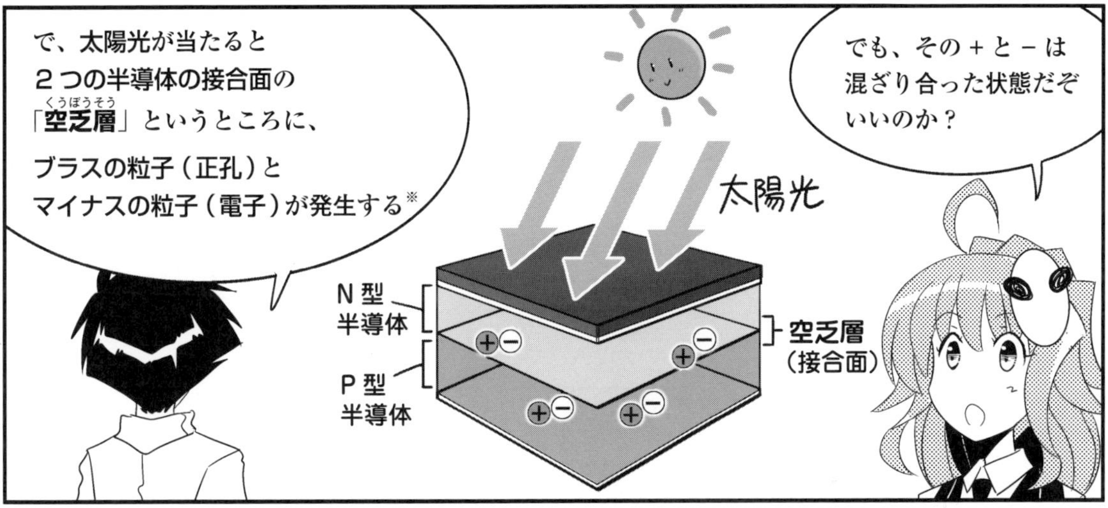

※**光電効果**といいます。

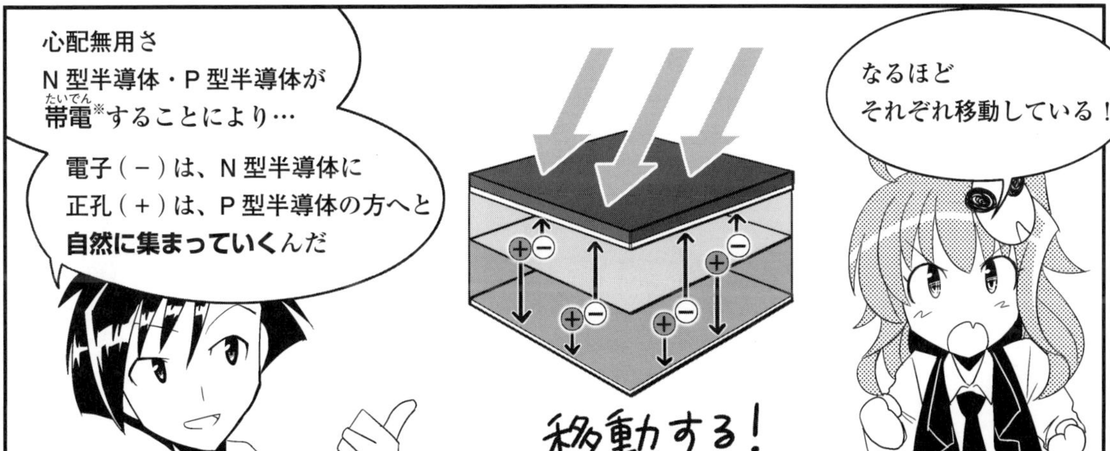

※**帯電**とは、物体の電気的な極性がプラスかマイナスに移動して、電気を帯びる現象のことです。

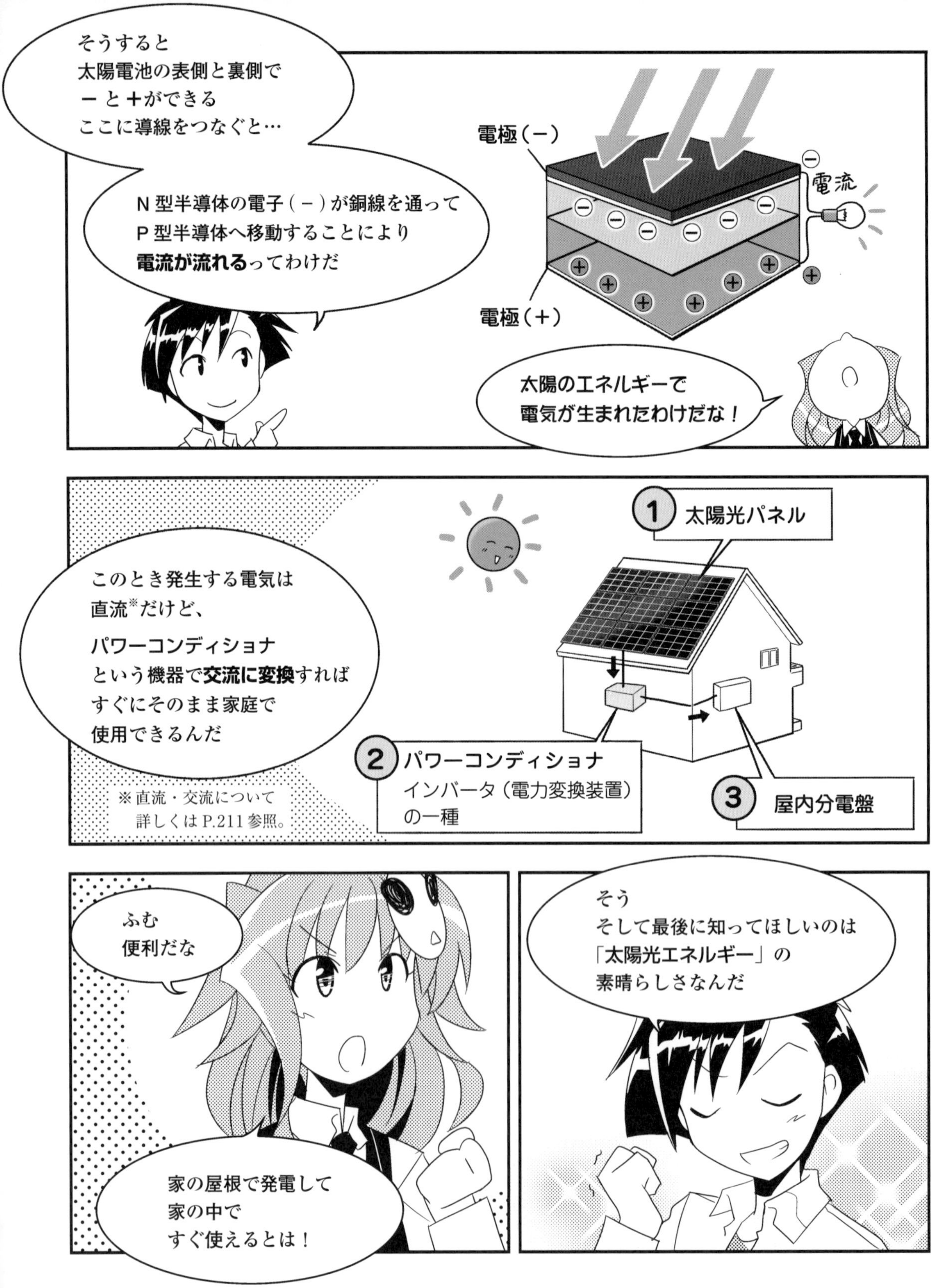
そうすると
太陽電池の表側と裏側で
ーと＋ができる
ここに導線をつなぐと…
N 型半導体の電子（－）が銅線を通って
P 型半導体へ移動することにより
電流が流れるってわけだ
電極（－）
電流
電極（＋）
太陽のエネルギーで
電気が生まれたわけだな！
このとき発生する電気は
直流※だけど、
パワーコンディショナ
という機器で**交流に変換**すれば
すぐにそのまま家庭で
使用できるんだ
① 太陽光パネル
② パワーコンディショナ
インバータ（電力変換装置）
の一種
③ 屋内分電盤
※直流・交流について
詳しくはP.211参照。
ふむ
便利だな
家の屋根で発電して
家の中で
すぐ使えるとは！
そう
そして最後に知ってほしいのは
「太陽光エネルギー」の
素晴らしさなんだ

地球表面に届く太陽光のエネルギー量は85兆kWで、仮にこのエネルギーを100%変換できるなら…
地球表面に届く太陽光のエネルギー量 85兆kW
「世界で使用するエネルギー半年分」をわずか1時間でまかなうことが可能と言われているんだ
要するに**非常に巨大なエネルギー**でしかも**枯渇する心配がない！**
すごいな太陽！ これでエネルギー問題は解決ではないか！！
いや話はそう簡単じゃない… 光エネルギーから電気エネルギーへの変換効率は、現在高くても20%だから効率はあまりよくないんだ
？
多くの電力量を得るためにはとても広い設置場所が必要になってしまう
た 確かに**コスト**もかかるだろうしな…
まさか地球全体そこら中に太陽光パネルを設置するわけにもいかないだろう

その通り　今のところ
太陽光発電設備の
設置にかかる費用も、
比較的高いと言われている
あと何より
根本的な問題が…
太陽だけに
夜は全く発電できない！！
曇りや**雨**でも、発電量が減ってしまう！
そういえば
確かに！！
ほら、このグラフのように
天候や時間帯によって
発電量が全く異なってくるんだ
ほ——
＜太陽光発電による発電量の変化の様子＞
発電量の相対比（%）
100
80
60
40
20
0
6 7 8 9 10 11 12 13 14 15 16 17 18 19
（時）
晴れ
曇り
雨
む、無敵の太陽様にも
弱点が…！
風力発電と同じく
自然に左右されると
いうわけか……

電力貯蔵設備

では次は『電力貯蔵設備』… 文字通り、電力を貯蔵する設備について紹介しよう
貯蔵
何を言っている！??
電力は水や梅干しみたいに簡単に貯蔵できるものではないはずだろう！？
水
梅干し
そう習ったし（P.22 参照）だからこそ発電であれほど苦労していたのでは…
緊急時にも役に立つぼくら!!
ぼくらもがんばってるよ！
ひーくん
すいちゃん
ゲンさん
ああ確かに「基本的には」貯めておくことはできないものだ
社会全体の電力需要を貯蔵でまかなうことはまだまだ無理だしね
しかしそれでも！
ちょこっとなら、電力を貯めておくこともできる！！
聞いてない！
今更そんなこと言うとかズルいぞ並木ー！！

でも、今のユユモなら
わかるだろ？
「電力を貯蔵できたら
どれほど便利か」って…
うむうむ
貯蔵できたなら
いざというとき安心だ
電力貯蔵については
現在もどんどん開発が
進んでる
二次電池
鉛蓄電池、ナトリウム硫黄電池（NaS電池）
レドックス・フロー電池
超電導
超電導電力貯蔵（SMES）
その他
電気二重層キャパシタ（EDLC）
種類もたくさんあるけど
ここでは代表的なものだけ
紹介していこう
ほほー
貯蔵の仕方にも種類が
色々とあるのだなー
よくわからんものばかりで
実に興味深いぞ
しかし電気が貯められる時代
お前も少しは貯金とか…
余計なお世話だ！！

※揚水式水力発電（P.57参照）も、水力のエネルギーを貯めておくものといえます。

CHECK!

色々な電力貯蔵設備

それでは今から、**色々な電力貯蔵設備**を紹介していくね。
電力貯蔵装置のしくみは、ちょっと難しいし、わからない言葉も多いと思うけど「こんなものがあるんだ」ということだけでも知って欲しい。
ここでは特徴によって、下記のように分類しているよ。

二次電池	鉛蓄電池、ナトリウム硫黄電池（NaS 電池）、 レドックス・フロー電池

超電導	超電導電力貯蔵（SMES）

その他	電気二重層キャパシタ（EDLC）

まずは『**鉛蓄《なまりちく》電池**』、『**ナトリウム硫黄電池**（NaS《ナス》 電池）』、
『**レドックス・フロー電池**』の３つについて。
これらは『**二次電池**』というものなんだ。

二次電池とは、**電気エネルギーを蓄積できる電力機器**のこと。
要するに**「充電と放電を行い、繰り返し利用できる」**って意味だね。
電池には、一度放電をしたら再生できない「一次電池」と
繰り返し利用できる「二次電池」があるってわけ。

『**鉛蓄電池**』は、電極に**鉛**を用いた二次電池です。
自動車のバッテリーや、非常用電源設備を中心として、**現在もっとも広く使用されている二次電池**といえます。プラス極は二酸化鉛、マイナス極は鉛、電解液は硫酸となっています。
放電が進むと水が発生するため、濃度が低くなり電解質が希硫酸となります。
値段が安く、入手も容易であることが特徴なのですが、劇薬である硫酸を用いていること、凍結による破損の恐れがあることが欠点といえます。

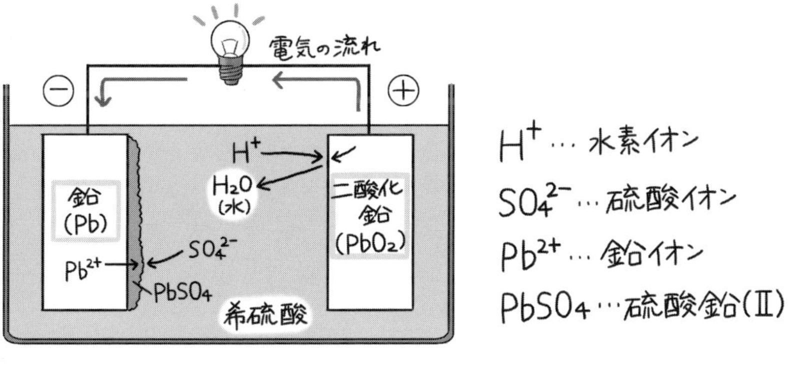
電気の流れ
⊖
⊕
鉛
(Pb)
H^+
H_2O
(水)
二酸化
鉛
(PbO_2)
SO_4^{2-}
Pb^{2+}
$PbSO_4$
希硫酸
H^+…水素イオン
SO_4^{2-}…硫酸イオン
Pb^{2+}…鉛イオン
$PbSO_4$…硫酸鉛(Ⅱ)

『**ナトリウム硫黄電池（NaS《ナス》電池）**』は、**ナトリウム**（Na）と**硫黄**（S）を用いた二次電池です。プラス極に溶融した硫黄、マイナス極に融した金属ナトリウムイオン、電解質にナトリウムイオン電導性のβ - アルミナが用いられています。

300℃程度の高温に保つ必要があることから、大容量の電力貯蔵装置として普及しています。

電解質が固体であるため長寿命が期待できること、また鉛蓄電池と比較してエネルギー密度が約３倍と高いことが特徴です。

ただし、高温の維持や、可燃性であるナトリウムを用いていることへの注意が必要です。

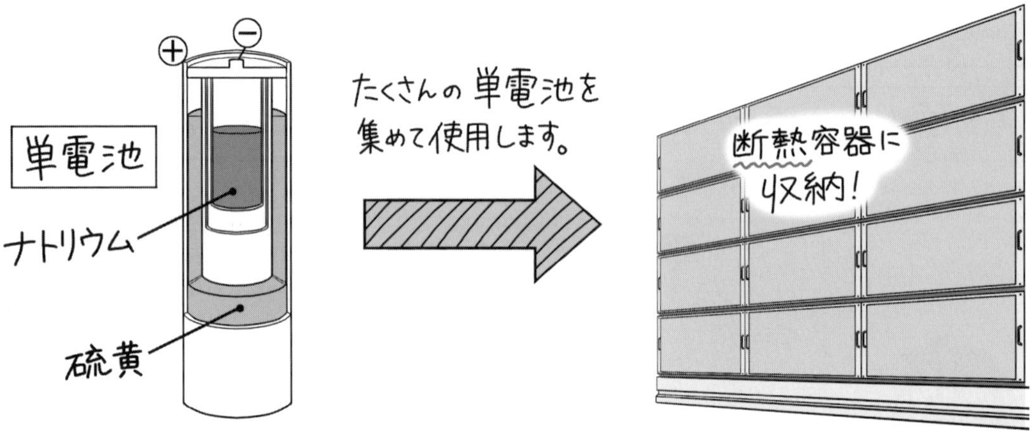

『**レドックス・フロー電池**』は、**バナジウム**を用いた二次電池で、サイクル寿命が１万回以上と長いのが特徴です。

酸化還元反応（**red**uction-**ox**idation reaction）を略した redox から命名されています。

電解質として、希硫酸に溶解した**バナジウム溶液**が用いられています。このバナジウム溶液の**酸化還元反応**による価数変化により、充放電を行うことができるのです。

また、この溶液をタンクに蓄えることで大容量の電力貯蔵が可能となります。

欠点としては、バナジウムが高価なことです。

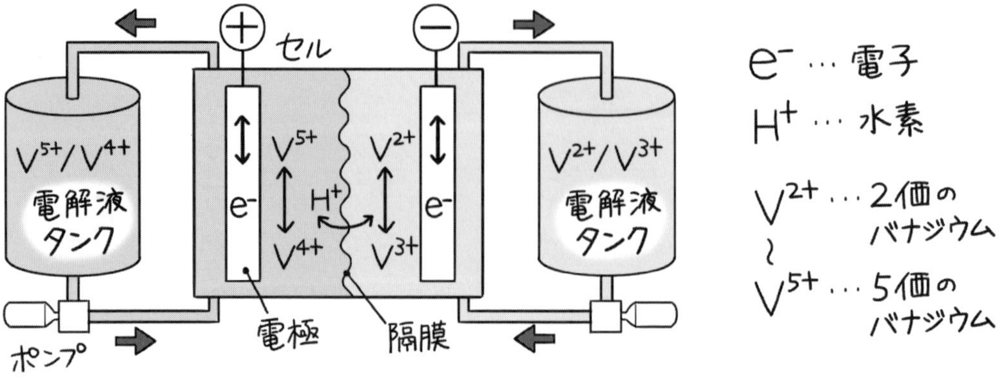

後は『**超電導電力貯蔵**（SMES）』と『**電気二重層キャパシタ**（EDLC）』を紹介しよう。
「**超電導電力貯蔵**」は、その名の通り、超電導の原理を応用している。
「**電気二重層キャパシタ**」は、キャパシタの特徴を活かしたものなんだ。

『**超電導電力貯蔵（SMES《スメス》）**』は、**コイル**による**超電導の原理**を応用しています。
超電導の原理とは、以下のようなことです。
「導体は抵抗値を持っているが、極低温にすると抵抗値がゼロとなる。そこでこの導体を**コイル**状にしてインダクタンス分を確保しておいて電流を流すと、電力を貯蔵できる」

電力貯蔵装置としてエネルギー効率が高く、化学変化を伴わないため長寿命であること、エネルギーのやり取りが高速でできることなどが特徴です。
ただし、冷却用の機器や容器が必要となります。
ちなみに、SMES は「**S**uperconducting **M**agnetic **E**nergy **S**torage」の略です。

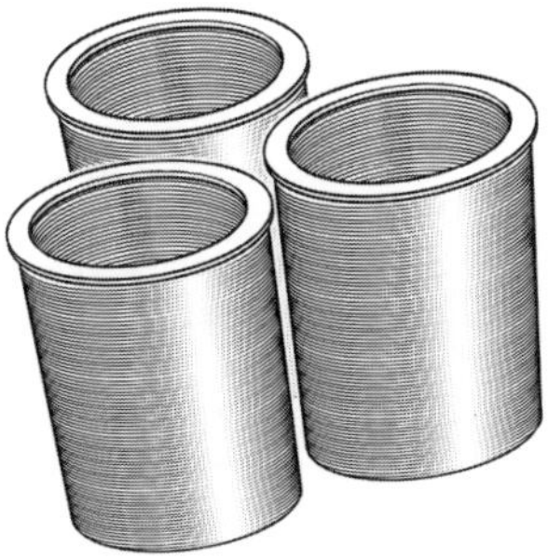
超電導コイルという
大きなコイルを
たくさん用います！

『**電気二重層キャパシタ**（**EDLC**）』は、**キャパシタ（コンデンサ）**の特徴を活かしています。
原理は、以下のようになります。
「従来のキャパシタ（コンデンサ）は、電極の間に誘電体が存在するが、この電極を活性炭にすることで、その表面に多数の電荷の配向を生じさせることができる」

構造が簡単であること、化学変化を伴わないため数百万回のサイクル寿命が期待できることなどが特徴ですが、二次電池と比較するとエネルギー密度は低いといえます。
ちなみに、EDLC とは「**E**lectric **D**ouble **L**ayer **C**apacitor」の略です。

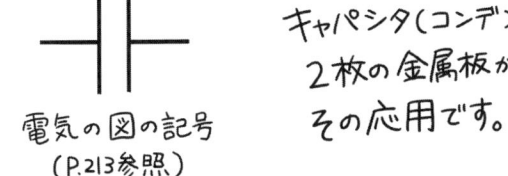

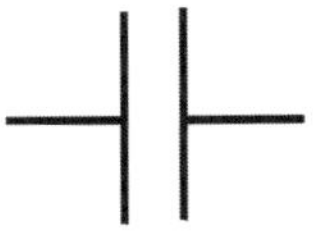
キャパシタ（コンデンサ）は、
2枚の金属板からできています。
その応用です。

電気の図の記号
（P.213参照）

2　マイクログリッド・スマートグリッド

さて　最後の最後に……是非ユユモに知っておいて欲しい言葉があるんだ
『マイクログリッド』と『スマートグリッド』だ
あー カタカナばかりでむずかしいー
やる気ねぇ反応、有難うございました！！
ちなみに日本語にするとこんな感じ！！
micro《マイクロ》 grid《グリッド》
小規模な 電力網
smart《スマート》 grid《グリッド》
賢い 電力網
小規模だったり賢かったりどういうことなんだ……？
これらは、今日学んだ「分散型電源」にも関係があるんだ詳しく説明していくよ
今後は、小規模で賢い**今までにない形の電力供給システム**がありうるかもしれないね

マイクログリッド・スマートグリッドとは？

それでは、まずは『**マイクログリッド**』について説明しよう。
…といっても、ユユモはすでにそれを知ってると思うんだ。

えええ？　今さっき、初めて聞いた言葉なんだぞ？
身に覚えがない、私は何も知らない！　けけけ潔白だっ！！

いや、落ち着け。今日、**分散型電源**について学んだだろ？
太陽光、風力、バイオマス、小水力…。そして、燃料電池やガスタービンなども分散型電源だったよな（P.177）。

うむ、それなら覚えているぞ。そういう小規模な発電設備を、需要地の近くに分散して配置すると便利そうだと学んだ。
地域密着的な電力供給ができれば、メリットがありそうだ、と。

おー、ちゃんと覚えてたね。それがまさに、マイクログリッド（小さな電力網）の考え方なんだ。ちょっと硬い文章でいうと、こうだね。

> **マイクログリッド**とは、その地域の事情に応じた電力供給や熱供給を行うため、小規模な電力系統を構成して、太陽光発電や風力発電などの「**分散型電源**」と「負荷（電力を消費するもの）」を組み合わせることです。

なーんだ。実質は今日学んだことそのままではないか。
カタカナで難しそうだと思っていたのに、恐れるに足らずだ。

ただ、ここでもう少し付け加えておきたいポイントがある。
これからのマイクログリッドに欠かせないのは、「**情報通信技術**」なんだ。
マイクログリッドは、**情報通信技術を用いることで、最適な監視運用を行うようにすることも多い**。
ＩＴ技術を活用することで、電力供給の運用や制御がスムーズになるんだよ。

ふむふむ。しっかり見守るわけだな。
地域内における電力需要の情報も、リアルタイムで把握して監視運用をする、と。

で、この**マイクログリッド**は、現在では**「スマートグリッド」の１つ**として位置づけられているんだ。
そんなわけで、お次は『**スマートグリッド**』について説明しよう。

……と、でもなあ……。
スマートグリッドは、「次世代送電網」「次世代電力網」といわれているけど…。
定義も様々だし、なんて説明しようかなあ。え～と…。

並木ぃぃぃいいい！
しっかりしてくれー！　一体どうしたのだ？

……と、まあ、こういう感じで説明に迷ってしまうのも、スマートグリッドが**かなり広い概念の用語**だからなんだ。
スマートグリッドの普遍的な概念を紹介すると、以下のようになる。

スマートグリッドとは、**供給サイド**と**需要サイド**の「エネルギーや情報の流れ」の**双方向化**に対応した、インフラのイノベーションを示す用語です。

※インフラ（インフラストラクチャー：infrastructure）…産業や生活の基盤のこと。
　イノベーション（innovation）…今までとは異なる、新しい大きな変化のこと。

うえええええ！？？
ピンとこないのだが、結局どういう意味なのだ！？

まあ簡単にいうと、「電力に関する新しいシステム。**双方向**で便利ですごい！」ってことだな。
「電気を供給する側」と「電気の供給を受ける側」が、**お互いに連携**するんだ。
今までのように、単に電気を送るだけの**一方通行ではない**。
これはかなり革命的なことなんだぞ。まさにイノベーション！

ほほお。今までとは全く違う、革命的で新しいシステムかぁ。
ちょっとだけワクワクしてきたが、具体的にはどんなことができるのだ？

うん。**スマートグリッドに期待される役割**も非常に幅広いんだけど、具体的には主な役割は次のようになるね。

スマートグリッドの様々な役割と、イメージ図

① 限られた電力設備を有効活用するため、**ピークシフト**を行う。

ピークシフトは、電力消費が最大になる時間帯を、ずらすことです。
電力消費が最大になる日中の電力を使わず、余裕のある夜間の電力を利用したりします。

② 太陽光発電、風力発電など**再生可能エネルギー**を積極的に導入する。

③ ガスエンジン発電、燃料電池などの**分散型電源**の導入を促進する。

④ 電気自動車の普及をはかる。電気自動車そのものを**電力貯蔵装置**として活用する。

⑤ 停電時の早期復旧化や代替電源の確保をはかることで電力の**供給信頼度**を維持する。

⑥ 高効率運転、最適運転により**エネルギーの有効利用**を行う。

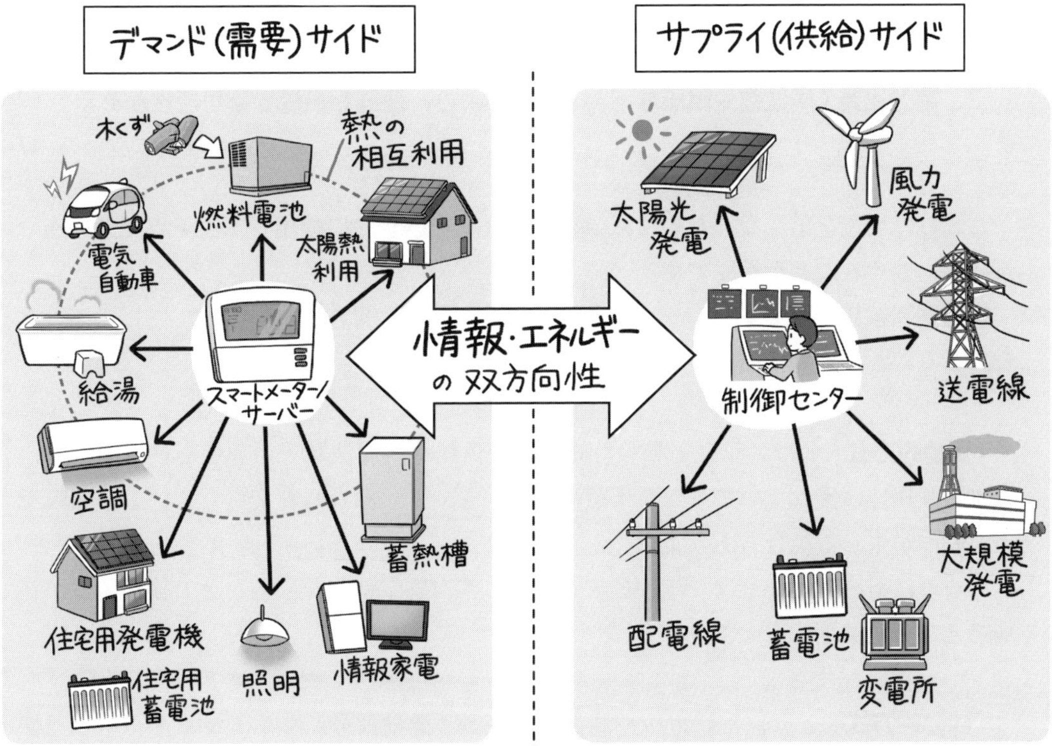

うわ〜、多種多様な役割で、幅広いイメージだなー。
この一言では説明できない幅広さが、スマートグリッドの特徴というわけだな！

フォローアップ

◆ 単独運転

商用電源（電力会社など）から切り離され、太陽光発電などの発電設備（単機または複数台数）のみで線路負荷に電力供給している状態を『**単独運転**』といいます。

系統連系している状態（逆潮流・売電している状態）から、**落雷などの事故により、商用電源から切り離されて単独運転になってしまった場合**、以下のようなことが心配されます。

1. 電力会社などが電気を遮断している範囲が通電状態となってしまい、作業員などの**感電**や消防活動への影響が生じる。
2. 電力品質（周波数や電圧など）の低下により、**機器が損傷**する可能性がある。

これらの被害を出さないために、**単独運転状態を速やかに検出**して、発電設備を速やかに停止させることが必要です。

単独運転検出方法としては、『**受動的方式**』と『**能動的方式**』があり、これらを組み合わせることにより検出精度を高めています。

『**受動的方式**』とは、単独運転移行時の電圧位相や、周波数等の急変を検出する方式です。高速性に優れていますが、**不感帯領域**があり、急激な負荷変動などによる頻繁な不要動作が生じる場合もあります。

ちなみに不感帯領域とは「単独運転が生じても、整定値の範囲内などで検出装置が判別できない領域」のことです。

『**能動的方式**』とは、常時電圧や周波数に変動（能動信号）を与えておき、単独運転移行時に顕著になる変動を検出する方式です。不感帯領域はありませんが、受動的方式と比べ検出に時間がかかってしまいます。

エピローグ

…と　いうわけで
話したいことは
これでおしまい
お疲れさま！！
そうか
これで終わりか…
ではそろそろ
帰らないといけないな
電気のことを
すべて学び終わったなら…
ユユモ……
こんな文明の遅れた
辺鄙《へんぴ》な星にいつまでも
いる理由とかないし！！
最後まで安定の
失礼さ全開だな
宇宙人！！

最後……か
?
誤解されたままでは
癪《しゃく》なので言っておくが、な
昨晩は
攻撃しようとしていたわけでも
殺戮しようとしていたわけでも
焼き尽くそうとしていた
わけでもない……
さ 撮影していたのだ
お前の…その
寝顔を
……

だったら逆だな
あのときと
？
ほら
俺たちが最初に
会ったとき
俺が電線を撮影してて…
ユユモが
「攻撃されたー」って
勘違いして
大暴れ…
ふふっ
そうだな
確かに
逆だった
電気のことも色々わかったし
あれは我が艦への攻撃ではなく
撮影だったと認めてやるぞ！！
今明かされる
驚愕の事実！！
よろこべ！
まだ信じてなかったの
どこまで
疑い深いんだ！！？

ていうか何故に
俺の寝顔なんて撮影を…
あーあー
聞こえなーーいーー ！！！！！！！！
そそそそげなことより早く行かねば
終電に間に合わないでごわすよ！？
終電！？
お前ＵＦＯに
乗ってきたんだろ
落ち着け錯乱宇宙人！！
じゃっ
じゃあな地球の人よ！！
……
なんだったんだ

……
ま　いっか
さて
学校の課題
かたづけとくか…
ユユモに振り回されて
遅れ気味だし
おい
ユユモ
ところで
夕食は……
……そうか
あいつ
もう
帰ったんだっけ

勝手にやってきて
勝手に暴れて
勝手にひっかきまわして……
いなくなると……
少しさびしい気もするな

並木～っ!!
はい即・感傷ぶち壊しいただきました!!
ガチャ
なんだよ
忘れ物でもしたのか？
いや……
私はな
UFOに乗って街を見下ろしたとき
気付いたのだ
まだ電気について
すべてを学んでは
いなかったのだと

限りある資源が
減っていくなかで
エネルギー問題はどうなる？
電力供給の在り方は
どう変わるのだ？
発電の今後は？　電力網は？
五年後　十年後
この国の電力事情は
どうなっているのだ？
そんなこと
今の時点で
わかるわけないだろ…
むー…
未来のことなんて
推測するだけしか
できないもんだし
うるさいユユモちゃんは
知的生命体なのー！！
全部知るまで満足
できなーーいーーー！！！！！
わかんねぇて言ってるだろ
だいたい俺はただの
いち学生だぞ！？

な……なら
仕方ないな
何がだよ
……
もっと……ここに
いるしかないな！
そしてお前と一緒に
この星の未来を
見届けるしかない！
——！
い　いつまで
居座るつもりなんだ
まったく……

ま　仕方ないな
ここまで来たら
付き合うよ
うむ
それでこそだ！！
それでは……
明るい未来に向けて
もっともっと
電気の勉強だ～！！
ひとまず
おしまい。

付録　電気のキホン

まずは、電気の用語だな
少し聞いたことはあるぞ！

電気に関する用語と単位

電圧……電気を流そうとする力。
記号は V　単位は〔V〕（ボルト）

電流……電気が流れる量（1秒間に流れる電気の量）。
記号は I　単位は〔A〕（アンペア）

電力……電気の大きさ（電気が流れて1秒間にする仕事の量）。
記号は P　単位は〔W〕（ワット）

抵抗……電気の流れにくさ。
記号は R　単位は〔Ω〕（オーム）

負《ふ》荷《か》……色々な家電製品や、工場で使うモータなどのように、
電力を消費するもの。

電気に関する大事な式

電気に関する
大事な式も
要チェックだ

- 電力 P ＝ 電圧 V × 電流 I
- オームの法則
（電流は、電圧に比例し、抵抗に反比例して流れる）

$$\text{電流}\ I = \frac{\text{電圧}\ V}{\text{抵抗}\ R}$$

直流と交流

電気は大きく分けて２種類があります。

乾電池の電気は「**直流**」で、家庭のコンセントの電気は「**交流**」です。

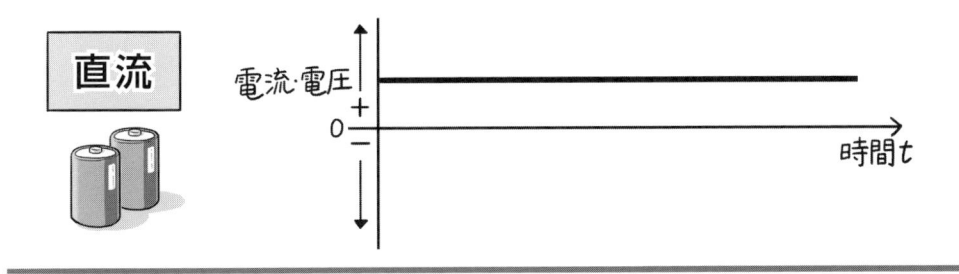

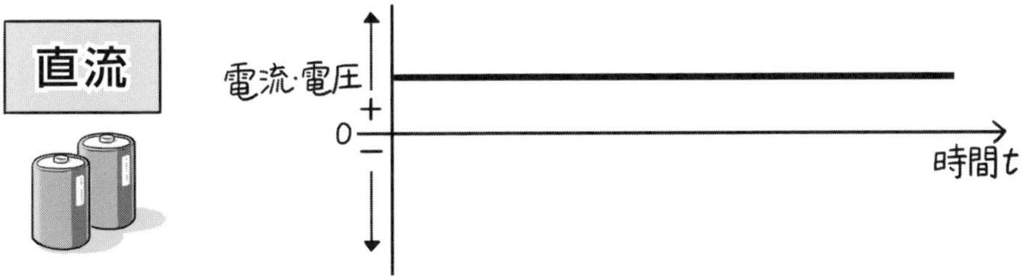
直流
電流・電圧
＋
0
−
時間t

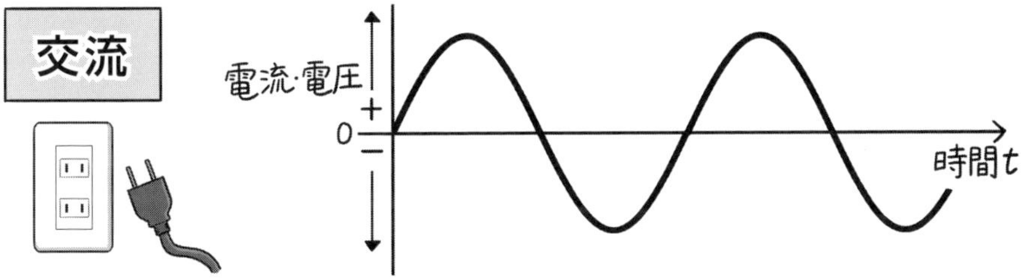
交流
電流・電圧
＋
0
−
時間t

上の図を見てください。
直流は、時間が経っても「電流・電圧」の大きさは一定です。
交流は、時間とともに、周期的に「電流・電圧」の**大きさが変化**しています。

また上図のように、電気の変化の様子をグラフで表したもの（電気信号の形状）を「**波形**《はけい》」といいます。

ふーむふむ
コンセントの電気は
『**交流**』というもの
そして交流は
ぐにゃぐにゃした波形だな！
しっかり覚えたぞ

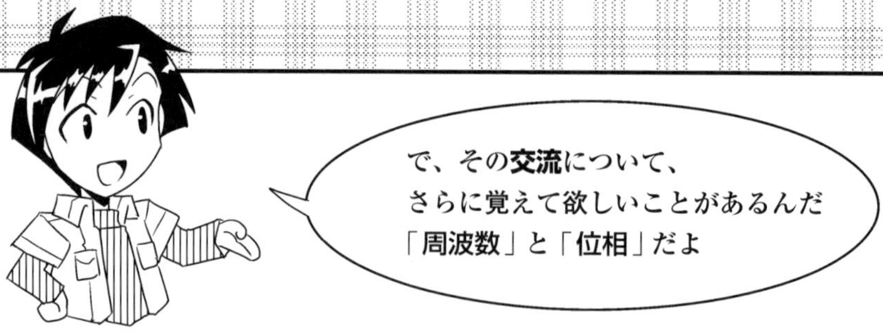
で、その**交流**について、
さらに覚えて欲しいことがあるんだ
「**周波数**」と「**位相**」だよ

周波数

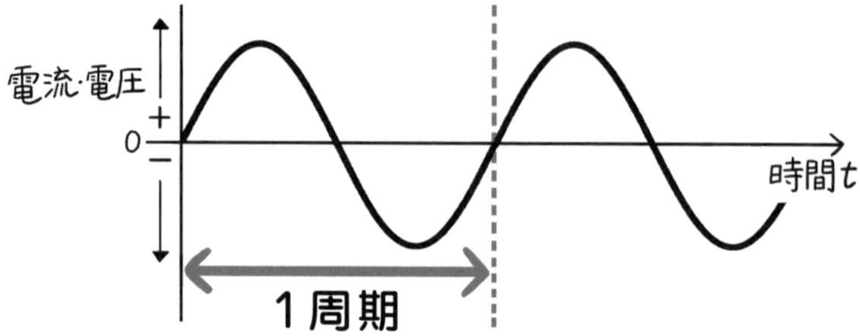
電流·電圧
+
0
−
時間t
1周期

上の図は、家庭のコンセントである交流の波形です。
1つの波を「1周期」といい、**1秒間にこの波が何回繰り返されているのか**を示す数が**周波数**というものです。周波数の単位は **Hz**（ヘルツ）です。
西日本では60Hz、東日本では50Hzとなっています。

位相

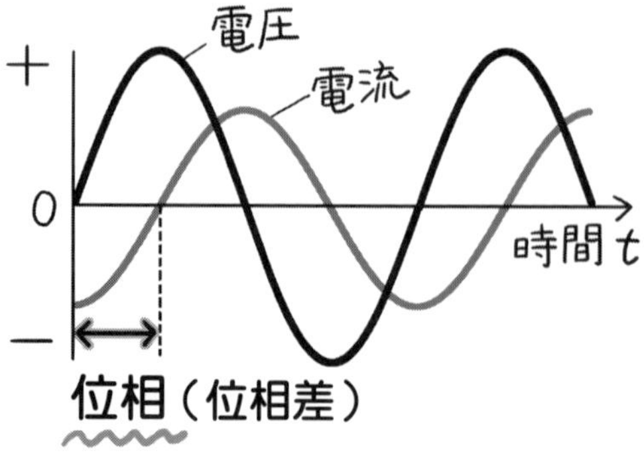
電圧
電流
+
0
−
時間t
位相（位相差）

上の図は、交流の「電流と電圧」の波形を重ねたものです。
このように、電流と電圧の間で**ズレが生じてしまう**ことがあります。
このようなズレを**位相**《いそう》**（位相差）**といいます。

電気回路図について

電気回路とは、電流が回りめぐる経路のことです。
そして、電気回路図とは、電気回路をシンプルな図記号で表したものです。

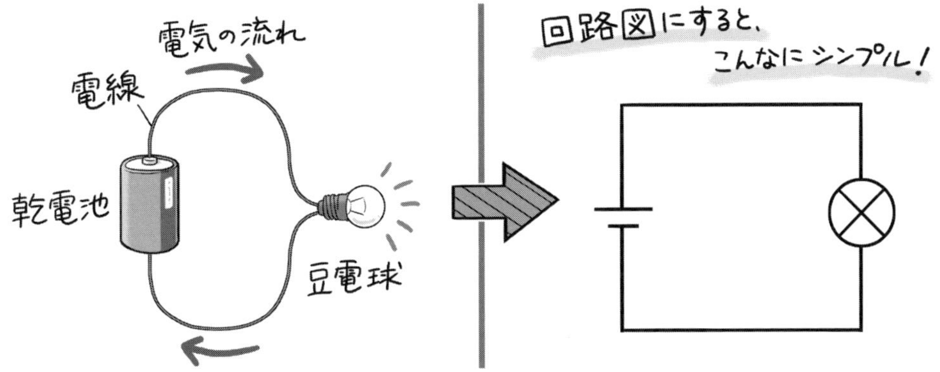

＜色々な電気の図の記号＞

直流電源	交流電源	抵抗
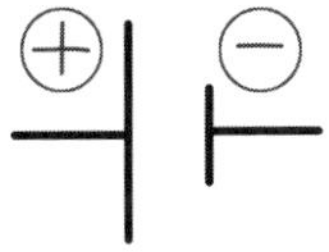	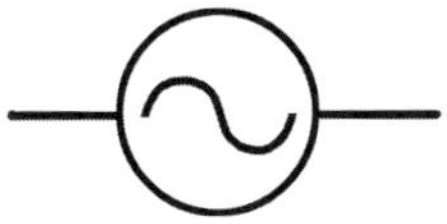	
乾電池など。 プラスとマイナスの 違いに気をつけよう。	火力や水力発電所など。 家庭のコンセントなども 交流電源といえます。	有効電力を消費する 負荷は、抵抗と なります。

電球	コイル	コンデンサ
		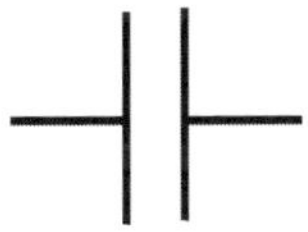
豆電球（ランプ）など。 電流を流すと光ります。	電線をくるくる 巻いたもの。	2枚の金属板から できています。

★ コイルとコンデンサは 次ページでもっと詳しく！

コイルとコンデンサ

コイルとコンデンサは、電気回路によって、果たす役割が違います。
どんな役割なのか、常に考えてみるとよいでしょう。

コイルは…

モータの中に入っていたり、受信機のアンテナの部分だったりします。

また、コイルは
「発電機」や「変圧器」の中で、非常に重要な役割を果たします。
電力分野では「リアクトル」ともよばれます。

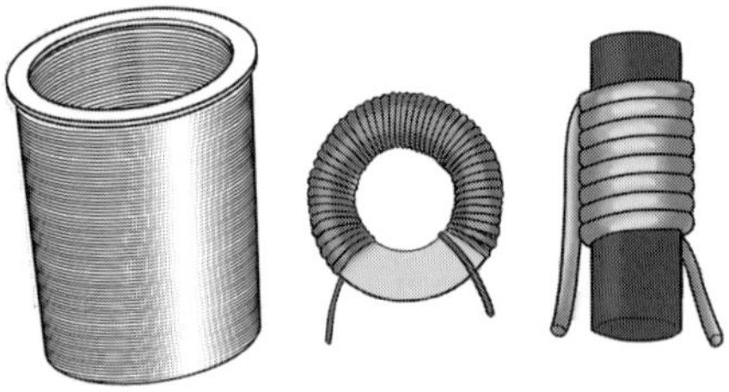

コンデンサは…

「**キャパシタ**」ともいいます。
電気エネルギーを一時的に蓄えることができるものです。

電子回路の色々な部分で用いられたり、電力の無駄を少なくするために用いられます。

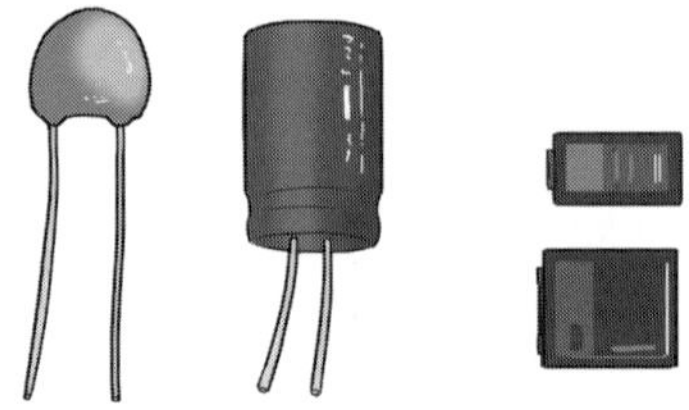

詳しくは 本編で説明していくよ
ここに載ってる 基礎知識は大事なので 覚えておいてね
コイルという 電線をくるくる巻いたものが、 そんなに重要な役割を 果たすのかあ
ほ〜〜

参考文献

書籍

- 早川義晴・中谷清司 共著
『電験三種 やさしく学ぶ電力』オーム社（2011）
- 髙橋寛 監修　福田務・相原良典・大島輝夫 共著
『絵ときでわかる 電気エネルギー』オーム社（2005）
- 家村道雄 監修　小口芳徳・植田良馬・髙澤博道・植地修也 共著
『絵とき電験三種完全マスター 電力（改訂2版）』オーム社（2003）
- 新井信夫・飯田芳一・早苗勝重 共著
『電験三種徹底演習 電力』オーム社（2013）
- 不動弘幸 著
『電験三種 完全攻略 改訂第4版』オーム社（2012）
- 榎本聰明 著
『原子力発電がよくわかる本』オーム社（2009）
- 田中賢一 著　松下マイ 作画
『マンガでわかる電気数学』オーム社（2011）
- 奈良宏一 編著
『電力自由化と系統技術 新ビジネスと電気エネルギー供給の将来』電気学会（2008）
- 長谷川淳・大山力・三谷康範・斉藤浩海・北裕幸
『電気学会大学講座 電力系統工学』電気学会（2002）
- 福田務 著
『しくみ図解シリーズ 発電・送電・配電が一番わかる』技術評論社（2010）
- 谷腰欣司 監修
『史上最強カラー図解 プロが教える電気のすべてがわかる本』ナツメ社（2009）
- 福田務 監修
『最新図解 電気の基本としくみがよくわかる本』ナツメ社（2011）
- 藤瀧和弘 監修　土屋多摩 作画
『マンガでそこそこわかる 第2種電気工事士筆記＋技能入門』電波新聞社（2012）
- 三好正二 著
『基礎テキスト 電気・電子計測』東京電機大学出版局（1995）
- 相澤善吾 藤森礼一郎 著
『火力発電カギのカギ』日本電気協会新聞部（2009）

webサイト（2013年10月現在）

- 北陸電力
  http://www.rikuden.co.jp/
- 東北電力
  http://www.tohoku-epco.co.jp/
- 東京電力
  http://www.tepco.co.jp/
- 関西電力
  http://www.kepco.co.jp/
- 中部電力
  http://www.chuden.co.jp/
- 中国電力
  http://www.energia.co.jp/
- 四国電力
  http://www.yonden.co.jp/
- 日本電気技術者協会 音声付き電気技術解説講座
  http://www.jeea.or.jp/course/
- 電気事業連合会
  http://www.fepc.or.jp/
- 今の技術がよくわかる テクノマガジン テクマグ
  http://www.tdk.co.jp/techmag/
- 経済産業省 資源エネルギー庁
  http://www.enecho.meti.go.jp/
- 関東電気保安協会
  http://www.kdh.or.jp/
- 関西電気保安協会
  http://www.ksdh.or.jp/

索　引

数字・英語・記号

ア行

カ行

サ 行

タ 行

ナ 行

ハ 行

マ 行

ヤ 行

ラ 行

〈編著者略歴〉

藤田 吾郎（ふじた ごろう）

1970年　東京都生まれ

1997年　法政大学工学研究科電気工学専攻博士課程修了

同年　東京都立大学工学研究科研究生

1998年　芝浦工業大学に入職

現在、工学部電気電子学群電気工学科教授、電力システム研究室主宰

博士（工学）、技術士（電気電子部門）、第一種電気主任技術者

〈執筆協力〉 電力システム研究室所属学生

石川 幸二郎（いしかわ こうじろう）

小野 賢人（おの けんと）

笠井 勇飛（かさい ゆうひ）

加曽利 明彦（かそり あきひこ）

片岡 久幸（かたおか ひさゆき）

加藤 駿一（かとう しゅんいち）

金子 直樹（かねこ なおき）

越川 博文（こしかわ ひろふみ）

五月女 謙二（そうとめ けんじ）

藤橋 達郎（ふじはし たつろう）

星野 友祐（ほしの ともひろ）

制　　作：　オフィス sawa

2006 年設立。医療、パソコン、教育系の実用書や広告を多数制作。イラストやマンガを多用したマニュアル、参考書、販促物などを得意とする。

e-mail：office-sawa@sn.main.jp

シナリオ：　澤田 佐和子

作　　画：　十凪 高志（となぎ たかし）

── 半年後
コタツで寝るな!!
おぎょーぎわるい!
ふーむふむ…
ついに体感したぞ
これが電気コタツ…
ぐー

マンガでわかる発電・送配電

平成 25 年 10 月 18 日　　第 1 版第 1 刷発行
平成 30 年 5 月 10 日　　第 1 版第 3 刷発行

編 著 者　藤田吾郎
作　　画　十凪高志
制　　作　オフィス sawa
発 行 者　村上和夫
発 行 所　株式会社 オーム社
郵便番号　101-8460
東京都千代田区神田錦町 3-1
電 話　03（3233）0641（代表）
URL　http://www.ohmsha.co.jp/

組版　オフィス sawa　　印刷・製本　凸版印刷
ISBN978-4-274-06924-6　Printed in Japan